Chancen, Prüfung und Umsetzung von IT-Strategien

Praxistipps IT

Chancen, Umsetzung und Prüfung von IT-Strategien

Wie Wirtschaftsprüfer Unternehmen unterstützen können

Diana Nestler /
Marina Gaugenrieder-Schuster

IDW VERLAG GMBH

Das Thema Nachhaltigkeit liegt uns am Herzen:

Die IDW Verlag GmbH ist ein Unternehmen des Instituts der Wirtschaftsprüfer in Deutschland e. V. (IDW).

Satz: Reemers Publishing Services GmbH, Krefeld
Druck und Bindung: C.H.Beck, Nördlingen
KN 12090

Der in diesem Werk verwendete Begriff „Wirtschaftsprüfer“ umfasst sowohl Wirtschaftsprüfer und Wirtschaftsprüferinnen als auch Wirtschaftsprüfungsgesellschaften. Er umfasst bei Prüfungen, die von genossenschaftlichen Prüfungsverbänden oder von Prüfungsstellen der Sparkassen- und Giroverbände sowie von vereidigten Buchprüfern, vereidigten Buchprüferinnen und Buchprüfungsgesellschaften durchgeführt werden dürfen, auch diese.

ISBN 978-3-8021-2759-5

Bibliografische Information der Deutschen Bibliothek
Die Deutsche Bibliothek verzeichnet diese Publikation in der Deutschen Nationalbibliografie; detaillierte bibliografische Daten sind im Internet über http://www.d-nb.de abrufbar.

Coverfoto: www.adobestock.com/Asus

www.idw-verlag.de

Inhaltsverzeichnis

1 Ziel des Buches IT-Strategie

Ziel des Buches IT-Strategie ist es, Wirtschaftsprüfern eine praxisnahe und umfassende Einführung in Chancen, Umsetzung und Prüfung der IT-Strategie zu geben. Wirtschaftsprüfer soll es dazu anregen, ein tieferes Verständnis für die Chancen, aber auch Herausforderungen der IT-Strategie zu entwickeln. Es soll sie gleichzeitig anleiten, Unternehmen bei der Umsetzung beratend zu unterstützen bzw. angemessene Prüfungen dieser durchzuführen.

Aufbauend auf einer Aufarbeitung der Chancen und Herausforderungen, die sich im Kontext der IT-Strategie für Unternehmen, Wirtschaftsprüfer und Mitarbeiter ergeben (Kapitel 2) werden die Begrifflichkeit und Bedeutung der IT-Strategie näher betrachtet und ein Überblick über die gesetzlichen und regulatorischen Anforderungen gegeben (Kapitel 3). Im darauffolgenden Kapitel erfolgt dann die Darstellung eines möglichen Vorgehensmodells für die Erstellung der IT-Strategie, angelehnt an die Ausführungen von Johanning (2019) (Kapitel 4). Hier werden die Schritte und Methoden zur Entwicklung einer fundierten und zukunftsgerichteten IT-Strategie behandelt. Dabei wird besonderes Augenmerk auf bewährte Praktiken und praxisnahe Ansätze gelegt, um Wirtschaftsprüfern eine klar strukturierte Anleitung für die erfolgreiche Erstellung und erste Hinweise für die Prüfung von IT-Strategien zu bieten. Auf dieser Grundlage wird in Kapitel 5 eine Zusammenstellung der empfohlenen und optionalen Inhalte der IT-Strategie vorgestellt, die sich sowohl an den sieben Schritten als auch an der Praxis orientieren. In Kapitel 6 wird auf die messbaren Ziele der IT-Strategie eingegangen. Hierbei steht insbesondere die praktische Umsetzung im Unternehmen im Vordergrund.

Die darauffolgenden zwei Kapitel dieses Buches widmen sich der Anwendung durch den Wirtschaftsprüfer. Einerseits wird die Prüfung der IT-Strategie im Rahmen der Abschlussprüfung behandelt (Kapitel 7), andererseits werden Beratungsmöglichkeiten im Bereich der IT-Strategie erläutert (Kapitel 8)[1]. Dabei werden zentrale Arbeitsabläufe zusammengeführt und praxisnahe Unterstützung geboten.

---

[1] Grundsätzlich sollte der Wirtschaftsprüfer stets seine unabhängige Rolle wahren und die Aufgaben „Prüfung der IT-Strategie" und „Beratung zur IT-Strategie" nicht vermischen. Bei jedem Auftrag ist diese Trennung zu beachten.

Im abschließenden Kapitel 9 erfolgt eine Zusammenfassung und ein umfassender Ausblick, der den Wert der IT-Strategie für gegenwärtige und zukünftige Geschäftsmodelle verdeutlicht. Zudem werden potenzielle künftige Entwicklungen im Zusammenhang mit der IT-Strategie aufgezeigt.

i

Hinweis:

Die IT-Strategie ist kein Standardwerk für alle Unternehmen

Die IT-Strategie ist kein Standardwerk, kein Einmalprodukt und kein reines Nachweisdokument für Prüfer[2]. Sie dient in erster Linie dem Unternehmen, indem sie Ziele und Maßnahmen vorgibt, wie mit der IT mittel- und langfristig umzugehen ist. Sie ist daher stark unternehmensspezifisch und kann nicht auf alle Unternehmen in gleicher Form übertragen werden.

Dieses Buch soll in diesem Zusammenhang Unterstützungsarbeit leisten, um:

- Argumente für das Vorhalten einer IT-Strategie bereitzustellen,
- Best-Practice-Ansätze für die Erstellung, Implementierung und Nachhaltung der IT-Strategie zu liefern,
- Hilfestellungen bei der Prüfung und Beratung zur IT-Strategie zu geben.

Es ist zu beachten, dass nicht alle Best-Practice-Ansätze, Empfehlungen und Hilfestellungen für alle Unternehmen in jeglichen Branchen anwendbar ist. Der Wirtschaftsprüfer und auch der einzelne Unternehmer sollte einschätzen, wie die IT-Strategie aus seiner Unternehmensstrategie ableitbar ist und welche internen und externen Gegebenheiten diese beeinflussen. Dieses Buch kann hier nur Anregungen liefern.

Die IT-Strategie ist ein individuelles Konstrukt eines Unternehmens und nimmt damit eine besondere Stellung ein. Dementsprechend sollte sie auch behandelt werden.

2 Vgl. Gregory (2017), S. 25

2 Die Chancen und Herausforderungen im Kontext der IT-Strategie

Die Informationstechnologie (IT) hat sich zu einem unverzichtbaren Bestandteil unserer modernen Welt entwickelt und ist aus Unternehmen nicht mehr wegzudenken. Die IT durchdringt alle Bereiche eines Unternehmens und vernetzt diese miteinander, was letztendlich Wertschöpfung und Existenz des Unternehmens ermöglicht. Sie ist von essenzieller Bedeutung für die Verarbeitung, Verknüpfung und Nutzung von Informationen und leistet so einen wesentlichen Beitrag zu sämtlichen Geschäftsprozessen im Unternehmen. Beginnend bei der internen Kommunikation und Datenverwaltung erstreckt sich der Einfluss der IT bis zur Interaktion mit Lieferanten sowie Kunden und der Entwicklung von Produkten und Dienstleistungen. Viele Unternehmen sind ohne IT nicht mehr in der Lage alltägliche Arbeiten und Prozessabläufe effektiv und effizient zu steuern und auszuführen, um ihre Unternehmensziele zu erreichen.[3]

Trotz ihrer bedeutenden Position im Unternehmen hat die IT häufig eine schwierige Stellung. Einerseits wird sie häufig als selbstverständlich betrachtet und dadurch oftmals im alltäglichen Geschäftsprozess vernachlässigt. Andererseits wird sie als extremer Kosten- und Aufwandstreiber angesehen, welcher stetig reduziert werden muss. Die Fachbereiche in einem Unternehmen fokussieren sich vorzugsweise auf ihre Kernkompetenzen, wie bspw. die Entwicklung von Produkten, die Bereitstellung von Dienstleistungen oder die Vermarktung dieser, anstatt sich gründlich mit der IT als ihr zentrales Arbeitsmaterial auseinanderzusetzen. Dies führt häufig zu spontanen Entscheidungen im Zusammenhang mit der IT, ohne eine umfassende und nachvollziehbare strategische Planung oder einer Berücksichtigung mittel- und langfristiger Konsequenzen.

Es besteht die weitverbreitete Erwartungshaltung, dass die IT mit all ihren hardware- und softwaretechnischen Bestandteilen einfach funktionieren muss, ohne einer angemessenen Berücksichtigung der vorhandenen Einführungskosten und ihrer laufenden Kosten. Unternehmen sind auf eine funktionierende IT-Infrastruktur angewiesen, um

3 Vgl. Kranz (2019); Vgl. Löbe (2022); Vgl. Born (2018), S. 1; Vgl. Günter (2023)

wettbewerbsfähig zu bleiben und den wachsenden Ansprüchen des Marktes gerecht zu werden. Dennoch werden die Kosten oft als Belastung empfunden, und Spar- oder Effizienzmaßnahmen wirken häufig zu Ungunsten des IT-Personals und -Budgets. Dies kann langfristig die Fähigkeit des Unternehmens beeinträchtigen, auf technologische Veränderungen angemessen zu reagieren. Die IT ist jedoch mehr als nur ein einfacher Kostenfaktor im Unternehmen. Sie muss auch Trends und Veränderungen tragen, die sich sowohl auf technologischer als auch auf geschäftlicher Ebene ergeben. Neue Anforderungen, wie die Einführung von Cloud-Computing (u.a. SaaS, PaaS, IaaS, FaaS), die Integration von künstlicher Intelligenz (u.a. RPA, NLP) oder die Umstellung auf datengetriebene Entscheidungsprozesse (u.a. BPMN 2.0), haben oft erhebliche Auswirkungen auf die Kostenstrukturen, die Organisationsstruktur, die Geschäftsprozesse sowie die angebotenen Dienstleistungen oder Produkte eines Unternehmens.

Eine weitere Herausforderung besteht darin, dass Probleme und Risiken in der IT nicht immer sofort erkennbar sind. Oftmals werden sie erst dann transparent, wenn bereits negative Auswirkungen für das Unternehmen eingetreten sind. Das Management hat nicht immer eine klare Vorstellung von den möglichen Auswirkungen der IT-Risiken und den damit einhergehenden potenziellen Kosten. Dies erhöht die Gefahr von unerwarteten Störungen oder Ausfällen im Geschäftsbetrieb.[4]

Um die IT optimal zu nutzen und mögliche negative Auswirkungen zu vermeiden, ist es daher wichtig, dass das Management die Bedeutung der IT als zentrales Instrument für den Unternehmenserfolg anerkennt. Eine strategische Herangehensweise, eine angemessene Investition in die IT-Infrastruktur sowie ein umfassendes IT-Risikomanagement sind unverzichtbar. Die IT sollte nicht nur als Kostenfaktor betrachtet werden, sondern als eine strategische Ressource, die dabei unterstützt, die Unternehmensziele effektiv und effizient zu erreichen und auf Veränderungen in der Geschäftswelt proaktiv zu reagieren. Durch den Einbezug der IT als integralen Bestandteil der Unternehmensstrategie können Unternehmen ihre Wettbewerbsfähigkeit stärken und langfristige Erfolge sicherstellen. Eine formulierte und konsequent nachverfolgte IT-Strategie kann das Unternehmen in vielerlei Hinsicht unterstützen.

[4] Vgl. Ross/Weill (2006);Vgl. Gieseke (2023)

Sie ermöglicht eine klare Ausrichtung der IT auf die Unternehmensziele, die Priorisierung von IT-Investitionen und -Ressourcen, langfristige Planung und Anpassungsfähigkeit auf technologische Entwicklungen. Zusätzlich verbessert sie die Zusammenarbeit zwischen den Fachbereichen und der IT und ermöglicht die Leistungsmessung und kontinuierliche Verbesserung der IT-Abteilung. Durch eine effektive IT-Strategie kann das Unternehmen seine Wettbewerbsfähigkeit steigern und erfolgreich auf Veränderungen reagieren.[5]

Erstellung und Nachhaltung einer IT-Strategie sind mit Chancen und Herausforderungen verbunden, die ein Unternehmen und der Wirtschaftsprüfer gleichermaßen beachten müssen. Nötig sind eine sorgfältige Analyse der Unternehmensbedürfnisse, die Berücksichtigung von technologischen Veränderungen und eine angemessene Governance, um sicherzustellen, dass die IT-Strategie den Zielen des Unternehmens entspricht und mit den regulatorischen Anforderungen im Einklang steht. Im Folgenden sollen die Chancen und Herausforderungen für Unternehmen, den Wirtschaftsprüfer und den Mitarbeiter im Unternehmen analysiert werden.

2.1 Chancen und Herausforderungen für Unternehmen

Der IT-Strategie eines Unternehmens wird oftmals nicht die angemessene Bedeutung zugebilligt und ihre Ausgestaltung entspricht selten den Unternehmensbedürfnissen. Daher ist es wichtig, die Chancen und Herausforderungen der IT-Strategie für Unternehmen zu betrachten, um die IT-Strategie für diese nutzbar zu machen.

Für Unternehmen hat die Einführung und das Vorhalten einer IT-Strategie folgende mögliche **Chancen**[6]:

- **Steigerung der Bedeutung der IT im Unternehmen:** Die Einführung und das Nachhalten einer IT-Strategie verleiht der IT eine höhere Stellung im Unternehmen. Die IT wird nicht mehr nur als reiner Kostenfaktor gesehen, sondern als strategischer Werttreiber, der das Unternehmen voranbringt und neue Möglichkeiten für Geschäftsprozesse sowie Dienstleistungen und Produkte eröffnet. Dies kann gefördert

[5] Vgl. Johanning (2019)
[6] Vgl. Carroll (2023); Vgl. Yardsticktechnolgies (2023); Vgl. PCRBusiness (2021)

dert werden, indem die IT-Strategie nicht nur in der Führungsebene besprochen wird, sondern in Auszügen auch dem einzelnen Mitarbeiter zur Verfügung gestellt wird, um so die Akzeptanz der IT bis in die unteren Mitarbeiterstufen zu verbessern.

- **Unterstützung der Geschäftsprozesse:** Eine sorgfältig ausgearbeitete IT-Strategie ermöglicht eine effiziente Integration der IT in die Geschäftsprozesse des Unternehmens. Die IT wird nicht mehr nur als unterstützendes Hilfsmittel betrachtet, sondern als strategisches Instrument, welches die Geschäftsprozesse unterstützt und verbessert. Die abgestimmte Strategie gewährleistet einen reibungslosen Austausch von Informationen zwischen den verschiedenen Abteilungen und ermöglicht eine höhere Effizienz in den operativen Abläufen. Dies erfolgt bspw. durch die maßgeschneiderte Konfiguration von IT-Lösungen für einzelne Geschäftsprozesse, die exakt auf die individuellen Anforderungen und Prozessschritte abgestimmt sind (bspw. Schnittstellentools oder Generatoren im Rechnungsprozess) oder durch Aufnahme spezifischer Sicherheitsmaßnahmen zum Schutz einzelner Geschäftsprozesse (bspw. durch Implementierung einer DMZ oder einer SIEM).
- **Stärkung der Marktposition und Überwindung von Markteintrittsbarrieren:** Eine gut ausgerichtete IT-Strategie kann dazu beitragen, die Wettbewerbsfähigkeit des Unternehmens zu stärken und seine Marktposition zu verbessern. Durch den gezielten Einsatz von IT-Lösungen können neue Geschäftsfelder erschlossen, Prozesse optimiert und innovative Produkte oder Dienstleistungen entwickelt werden. Eine IT-Strategie, die auf die Zertifizierung zentraler IT-Lösungen im Unternehmen abzielt (bspw. ISO 27001, IDW-Prüfungen), ermöglicht zudem den Eintritt in neue Märkte.
- **Steigerung der Innovationsfähigkeit:** Eine IT-Strategie legt den Grundstein für eine innovationsfreundliche Unternehmenskultur, indem sie regelmäßig die Umgebung des Unternehmens und neue technologische Innovationen für den Einsatz im eigenen Unternehmen validiert. Durch den gezielten Einsatz von innovativen Technologien und die Einbindung der Mitarbeiter in Änderungsprozesse können neue Ideen entwickelt, getestet und umgesetzt werden. Dies ermöglicht es dem Unternehmen, sich kontinuierlich weiterzuentwickeln und auf Veränderungen im Marktumfeld zu reagieren.
- **Erweiterung des Produkt- und Dienstleistungsangebots:** Eine IT-Strategie kann das Unternehmen befähigen, neue Produkte oder Dienstleistungen zu entwickeln und auf den Markt zu bringen. Durch

den Einsatz von Technologie und die Digitalisierung von Geschäftsprozessen können innovative Lösungen geschaffen werden, die neue Einnahmequellen erschließen und das Unternehmen diversifizieren. Zum Beispiel könnte ein traditionelles Einzelhandelsunternehmen durch den Aufbau einer E-Commerce-Plattform und die Implementierung eines Online-Bestellsystems neue Möglichkeiten der Interaktion mit dem Kunden schaffen. Dies würde es Kunden ermöglichen, Produkte bequem von zu Hause aus zu kaufen.

- **Effizienzsteigerung und Kosteneinsparung:** Eine gut durchdachte IT-Strategie zielt darauf ab, die Effizienz der IT-Systeme und -Prozesse zu verbessern. Durch den Einsatz von modernen Technologien, Prozessoptimierung und Automatisierung können Kosten reduziert und Effizienzsteigerungen erzielt werden. Dies kann zu einer optimierten Nutzung von Ressourcen, Kosteneinsparungen und erhöhter Rentabilität im Unternehmen führen.
- **Sicherheit der IT-Infrastruktur:** Die IT-Strategie ermöglicht es, , die Anfälligkeit der IT-Infrastruktur für externe und interne Bedrohungen zu analysieren und entsprechende mittel- und langfristige Sicherheitsmaßnahmen zu definieren. Damit sinkt das Risiko von Cyberangriffen, Datenverlust oder Betriebsunterbrechungen und die Geschäftskontinuität bleibt gewährleistet.
- **Verbesserte Kundenerfahrung:** Eine gut entwickelte IT-Strategie kann dazu beitragen, die Kundenerfahrung zu verbessern, da sie regelmäßig die einzelnen Stakeholder des Unternehmens analysiert und die IT-Ziele entsprechend den veränderten Bedingungen anpasst. Durch den Einsatz von digitalen Lösungen und Technologien können personalisierte Angebote, effizientere Kommunikation und ein uneingeschränktes Kundenerlebnis geschaffen werden. Dies kann die Kundenzufriedenheit erhöhen, die Kundenbindung stärken und das Unternehmen von seinen Wettbewerbern differenzieren.
- **Datenbasierte Entscheidungsfindung:** Eine IT-Strategie ermöglicht es dem Unternehmen, Daten effektiv zu sammeln, zu analysieren und zu nutzen, indem die IT-Strategie regelmäßig die IT und hier vorhandene Datenverfügbarkeiten und -integritäten analysiert. Mithilfe von Business-Intelligence-Tools und Datenauswertung ist es möglich, fundierte Entscheidungen auf Basis von Echtzeitdaten zu treffen. Dies trägt zu einer datenbasierten Unternehmenskultur bei und hilft bei der Identifizierung neuer Geschäftsmöglichkeiten und der Optimierung von Prozessen.

- **Verbesserte Zusammenarbeit und Kommunikation:** Eine IT-Strategie hat das Potenzial die Zusammenarbeit und Kommunikation innerhalb des Unternehmens zu verbessern. Durch den Einsatz von Kollaborationstools, virtuellen Plattformen und digitalen Arbeitsumgebungen können Mitarbeiter besser zusammenarbeiten, Informationen teilen und an Projekten gemeinsam arbeiten. Dies fördert eine offene und transparente Kommunikation, steigert die Teamleistung und unterstützt die Innovationskraft des Unternehmens.

Die Implementierung einer IT-Strategie bietet dem Unternehmen somit zahlreiche Chancen, seine Wettbewerbsfähigkeit zu stärken, Innovationen voranzutreiben und eine solide Grundlage für Wachstum und Erfolg zu schaffen.[7]

Beispiel

Verbesserung der Marktposition durch Erarbeitung einer IT-Strategie

Ein mittelständisches Unternehmen war ein aufstrebender Anbieter von handgefertigten Designobjekten. Obwohl das Unternehmen über einzigartige Produkte verfügte, welche durch eigens entwickelte IT hergestellt wurden, hatte es keine klare IT-Strategie. Die IT-Infrastruktur des Unternehmens war unzureichend, bestand aus veralteter Technologie und beschränkte sich, neben der Eigenentwicklung für die Produkte, auf Basisfunktionen wie Buchhaltung und Personal. Das Fehlen einer durchdachten IT-Strategie behinderte die Wachstumschancen des Unternehmens. Die Geschäftsführung des Unternehmens entschied sich, einen IT-Berater hinzuzuziehen. In enger Zusammenarbeit mit dem Berater entwickelte das Unternehmen eine klare IT-Strategie, die auf die Geschäftsziele und die Markterweiterung ausgerichtet war. Sie beinhaltete folgende Anpassungen in der IT-Strategie:

- Klare Stärkung der internen IT-Umgebung: Neue Software und Hardware sollten mittel- und langfristig die interne IT stärken. Hierfür wurde die vorhandene IT-Infrastruktur analysiert. Dies sollte auch die vorhandenen Intellectual Properties des Unterneh-

[7] Voraussetzung für die Wahrnehmung der Chancen ist in jedem Fall die umfangreiche Erstellung und regelmäßige Nachhaltung der IT-Strategie im Unternehmen.

mens angemessen schützen. Zudem sollte die Stärkung der IT die Verfügbarkeit der IT-Systeme sichern, um die Mitarbeiter- und Kundenzufriedenheit zu erhöhen.

- Einführung eines E-Commerce-Systems: Der Berater schlug vor, ein E-Commerce-System zu implementieren. Durch den Online-Verkauf ihrer selbstgefertigten Produkte würde das Unternehmen in der Lage sein, neue Zielgruppen zu erreichen und den Umsatz zu steigern. Das Unternehmen folgte dem Rat des IT-Beraters und startete einen eigenen Online-Shop, der es Kunden weltweit ermöglichte, ihre einzigartigen Objekte zu erwerben.
- Aufbau einer Social-Media-Präsenz: Das Unternehmen hatte zuvor wenig Präsenz in sozialen Medien gezeigt. Der IT-Berater half dem Unternehmen dabei, eine starke Präsenz auf Plattformen wie Instagram und YouTube aufzubauen, um die Sichtbarkeit der Produkte zu erhöhen und eine engagierte Online-Community aufzubauen. Diese Maßnahme trug dazu bei, das Markenbewusstsein zu steigern und eine loyale Kundenbasis aufzubauen sowie neue Kunden zu gewinnen.
- Implementierung eines Kundenbeziehungsmanagements (CRM): Um den Kundenservice zu verbessern und die Kundenbindung zu stärken, schlug der IT-Berater die Einführung eines CRM-Systems vor. Mit einem CRM-System konnte das Unternehmen die Kundeninteraktionen verfolgen, persönliche Angebote erstellen und Kundenpräferenzen besser verstehen. Dadurch konnte das Unternehmen seinen Kunden ein maßgeschneidertes Einkaufserlebnis bieten und langfristige Beziehungen aufbauen.

Die klare IT-Strategie ermöglichte es dem Unternehmen, seine Ressourcen effizient zu nutzen, innovative Technologien einzusetzen und neue Wachstumschancen zu nutzen. Durch die strategische Entscheidung, die IT-Infrastruktur zu verbessern, konnte das Unternehmen sein volles Potenzial entfalten und sich als Vorreiter in der Branche positionieren.

Neben den Chancen gibt es aber auch mögliche **Herausforderungen** im Zusammenhang mit der IT-Strategie, die durch das Unternehmen betrachtet werden müssen:

- **Ressourcenbeschränkungen:** Häufig verfügen kleinere oder mittelständische Unternehmen über begrenzte finanzielle, technische und personelle Ressourcen, um eine umfassende IT-Strategie umzusetzen. Die Investition in neue Technologien, die Einstellung von qualifizierten IT-Mitarbeitern und die Schulung der Mitarbeiter können eine finanzielle Herausforderung für Unternehmen darstellen.
- **Komplexität der Technologieauswahl:** Unter beschränkten Ressourcen stellt die Auswahl passender Technologien und Lösungen eine anspruchsvolle Aufgabe dar. Kleine/Mittelständische Unternehmen müssen sicherstellen, dass die ausgewählten Technologien kosteneffizient, skalierbar und mit den Geschäftsanforderungen kompatibel sind. Auch große Unternehmen sollten nicht allen Trends folgen, sondern die für sich passenden Technologien anhand der vorhandenen Anforderungen auswählen. Zudem muss entschieden werden, ob es dem Unternehmen einen Wettbewerbsvorteil schafft, möglichst schnell eine Technologie im Unternehmen umzusetzen oder ob man besser abwartet, bis andere Unternehmen erste Erfahrungswerte damit gesammelt haben, um Risiken zu minimieren.
- **Mangelnde interne Expertise und Risiken beim Einsatz Externer:** Manche Unternehmen verfügen nicht über ausreichend interne IT-Experten, um eine umfassende IT-Strategie zu entwickeln und umzusetzen. Die Zusammenarbeit mit externen Beratern oder Dienstleistern kann in solchen Fällen erforderlich sein, um das notwendige Fachwissen einzubringen. Der Einsatz von Externen kann jedoch auch zu Risiken führen (u.a. Abhängigkeiten, hohe Service- und Supportkosten, Kontrollaufwände), die durch das Unternehmen minimiert werden müssen.
- **Komplexität und Fragmentierung:** In großen Konzernen gibt es üblicherweise eine Vielzahl von Abteilungen, Geschäftseinheiten und IT-Systemen, die miteinander verknüpft werden müssen. Die Entwicklung einer einheitlichen IT-Strategie und die Koordination der verschiedenen Interessen und Anforderungen können eine Herausforderung darstellen.
- **Kultureller Wandel:** Die Implementierung einer IT-Strategie und die Umsetzung von IT-Projekten erfordert oft einen kulturellen Wandel im Unternehmen. Dies kann Widerstand und Akzeptanzprobleme bei Mitarbeitern und Führungskräften hervorrufen. Die Anpassung der Arbeitsweise und die Anpassung an neue Technologien erfordern eine gezielte Kommunikation und Schulung der Mitarbeiter.

- **Sicherheit des Unternehmens:** Mit der steigenden Bedrohung durch Cyberangriffe und strengeren Anforderungen (bspw. im Datenschutz oder Steuerrecht) müssen Unternehmen besondere Sorgfalt walten lassen, um ihre IT-Infrastruktur und Daten zu schützen. Dies erfordert Investitionen in Sicherheitsmaßnahmen, Schulungen der Mitarbeiter und die Einhaltung der gesetzlichen Bestimmungen. Die IT-Strategie muss diese Einflüsse analysieren und entsprechend der Anforderungen des Unternehmens integrieren.
- **Kontinuierliche Überwachung und Anpassung:** Eine IT-Strategie ist kein statisches Dokument, sondern erfordert eine kontinuierliche Überwachung und Anpassung an sich verändernde Geschäftsanforderungen, Technologien und Markttrends. Die Fähigkeit, die IT-Strategie regelmäßig zu überprüfen, zu bewerten und anzupassen, ist eine Herausforderung, um sicherzustellen, dass sie relevant und effektiv bleibt. Dies kann zusätzliche Ressourcenanforderungen mit sich bringen.

i

Hinweis:
Warum scheitern viele IT-Strategien?[8]

In der Praxis existieren immer wieder Unternehmen, welche Schwierigkeiten bei der Umsetzung der IT-Strategie haben oder bei denen sie ggf. komplett gescheitert ist.

Dies kann unterschiedliche Gründe haben, welche hier im Ansatz zusammengetragen sind:

- Mangelnde Ausrichtung der IT-Strategie auf die Geschäftsziele des Unternehmens
- Strategien sind kein zentrales Thema im Unternehmen, der Nutzen ist unbekannt und für keinen Bereich werden Strategien erarbeitet (fehlendes Commitment)
- Die erarbeitete IT-Strategie ist im Unternehmen unbekannt, da sie nur von der Geschäftsführung erarbeitet wurde, ohne die Mitarbeiter einzubeziehen; Widerstand und Ablehnung durch unzureichende Mitarbeiterinformation und Schulung
- Die IT-Strategie umfasst zu viele Ziele, die gleichzeitig erreicht werden sollen (Trivialstrategie); widersprüchliche Vorgaben aus

[8] Vgl. Pratt (2021); Vgl. Johanning (2019); Vgl. Naef (2019); Vgl. Bughin/Catlin/Hirt/Willmott (2018); Vgl. Achieveit (2023)

unterschiedlichen Fachbereichen erschweren die IT-Strategieerstellung
- Themen und Ziele der IT-Strategie werden nicht regelmäßig überprüft und aktualisiert (IT-Strategie als „Einmal-Dokument")
- Fehlende Unterstützung und Engagement der Führungsebene und der Fachbereiche
- Die Erarbeitung der IT-Strategie ist Aufgabe eines Dritten und nicht des Unternehmens selbst (bspw. aufgrund einer vollständigen Auslagerung der IT-Infrastruktur)
- Es gibt keine klaren Verantwortlichkeiten für die Erstellung und Nachhaltung der IT-Strategie
- Die IT-Strategie ist ein Dokument für den Prüfer und wurde nur für diesen abgelegt
- Die IT wird nur als Kostentreiber angesehen, welche weiter reduziert werden sollen
- Ausreichende Planung und Ressourcenzuweisung zur Umsetzung der IT-Strategie sind nicht vorhanden; mangelnde Bereitstellung von Budget, Personal und Technologie
- Mangel an Kommunikation und Change-Management
- Diskrepanz zwischen erwarteten Ergebnissen und tatsächlichen Anforderungen

Der Nutzen einer Strategie, sei es die allgemeine Unternehmensstrategie oder speziell die IT-Strategie, ist oft nicht ausreichend im Unternehmen bekannt oder wird nicht ausreichend kommuniziert. Dadurch entsteht häufig eine Diskrepanz zwischen der Bedeutung der Strategie und ihrer tatsächlichen Umsetzung. Insbesondere im Fall der IT-Strategie kann dies dazu führen, dass diese entweder gar nicht oder nur unvollständig erstellt wird.

Falls die Bedeutung der IT-Strategie für das Unternehmen nicht ausreichend kommuniziert wird, können die Entscheidungsträger im Unternehmen die Notwendigkeit einer solchen Strategie möglicherweise nicht erkennen. Es besteht die Möglichkeit, dass die Führungskräfte die IT lediglich als unterstützende Funktion sehen und somit den Wert einer strategischen Ausrichtung auf IT-Aktivitäten nicht erkennen. Als Folge davon werden nicht genügend Zeit, Ressourcen und Expertise aufgewendet, um eine umfassende und zukunftsorientierte IT-Strategie zu formulieren.

Es spielt eine zentrale Rolle, den Nutzen der IT-Strategie im Unternehmen zu vermitteln und praktisch zu kommunizieren. Dies trägt dazu bei, dass das Bewusstsein für die strategische Bedeutung der IT geschärft und die Bereitschaft zur Investition in eine fundierte IT-Strategie erhöht wird. Eine klare und verständliche Kommunikation des Mehrwerts der IT-Strategie ermöglicht den verschiedenen Stakeholdern im Unternehmen, deren Bedeutung zu erkennen und die IT-Strategie entsprechend der festgelegten Ziele in den einzelnen Geschäftsbereichen umzusetzen. Dies fördert die Effektivität und den Nutzen der IT-Strategie für das Unternehmen insgesamt und unterstützt eine erfolgreiche Umsetzung und Weiterentwicklung der IT-Initiativen.

Die Bedeutung der Strategie bzw. der IT-Strategie zu kommunizieren ist daher sehr wichtig und wird in Kapitel 3.3 dargestellt.

Unternehmen sollten aktiv auf diese Herausforderungen reagieren und gezielte Schritte unternehmen, um die Vorteile der IT-Strategie bestmöglich zu nutzen. Dazu zählen die Initiierung eines kulturellen Wandels, die angemessene Zuweisung von Ressourcen, die Rückendeckung durch die Führungsebene, regelmäßige Überprüfung und Anpassung der IT-Strategie sowie die Einbindung von Mitarbeitern und anderen relevanten Interessensgruppen.

Beispiel

IT-Strategie als Instrument zur Verbesserung

Ein Unternehmen stand vor der Herausforderung, die IT-Infrastruktur und die Arbeitsabläufe zu modernisieren, um mit den sich schnell verändernden technologischen Anforderungen Schritt zu halten. Das Unternehmen hatte Schwierigkeiten, mit dem raschen Wachstum der Datenmenge, der erhöhten Sicherheitsbedrohungen und der steigenden Nachfrage nach mobilen Lösungen umzugehen. Die bestehende IT-Struktur war veraltet und konnte den aktuellen Anforderungen nicht gerecht werden. Das Unternehmen beschloss, eine umfassende IT-Strategie zu entwickeln und umzusetzen, um die Herausforderungen anzugehen und die Effizienz sowie die Sicherheit der IT-Systeme zu verbessern. Die Strategie umfasste mehrere Kernkomponenten:

- Aktualisierung der IT-Infrastruktur: Das Unternehmen investierte in neue Hardware, Software und Netzwerkinfrastruktur, um die Leistung und Zuverlässigkeit der IT-Systeme zu verbessern.
- Einführung einer Cloud-Strategie: Das Unternehmen migrierte einen Großteil seiner IT-Systeme und Daten in die Cloud, um Skalierbarkeit, Flexibilität und Kosteneffizienz zu gewährleisten. Dies ermöglichte es dem Unternehmen, schnell auf wachsende Anforderungen zu reagieren und den Speicherbedarf zu optimieren.
- Stärkung der IT-Sicherheit: Es wurden robuste Sicherheitsmaßnahmen implementiert, einschließlich Firewalls, Antivirus-Software, Intrusion Detection-/Prevention-Systeme sowie verbesserte Zugriffskontrollen. Mitarbeiter erhielten Schulungen zur Sensibilisierung für IT-Sicherheit und Best Practices.
- Implementierung von Kollaborationstools: Um die interne Zusammenarbeit zu verbessern, wurden Tools wie Videokonferenzsysteme, gemeinsame Dokumentenbearbeitung und Projektmanagement-Software eingeführt. Dadurch wurden Kommunikation und Zusammenarbeit zwischen den Teams erleichtert.

Durch die erfolgreiche Umsetzung der IT-Strategie erzielte das Unternehmen folgende Vorteile:

- Steigerung der Effizienz: Die neue IT-Infrastruktur und die automatisierten Prozesse führten zu einer deutlichen Verbesserung der Arbeitsabläufe und einer höheren Produktivität der Mitarbeiter. Zeit- und Ressourcenaufwände wurden reduziert, während sich Qualität und Genauigkeit der Arbeit verbesserten.
- Verbesserte Datensicherheit: Die Implementierung robuster Sicherheitsmaßnahmen trug dazu bei, die Unternehmensdaten vor Bedrohungen zu schützen und das Risiko von Datenschutzverletzungen zu minimieren. Die erhöhte Kontrolle und Überwachung der Systeme gewährleisteten die Integrität und Vertraulichkeit sensibler Informationen.
- Skalierbarkeit und Flexibilität: Die Migration in die Cloud ermöglichte es dem Unternehmen, seine IT-Ressourcen bei Bedarf schnell zu skalieren und auf wechselnde Geschäftsanforderungen zu reagieren. Dies führte zu Kosteneinsparungen und einer erhöhten Agilität des Unternehmens.

– Verbesserte Zusammenarbeit: Die Einführung von Kollaborationstools erleichterte die Zusammenarbeit und den Wissensaustausch zwischen den Mitarbeitern. Projektteams konnten effektiver kommunizieren, Aufgaben verfolgen und gemeinsam an Dokumenten arbeiten.

Während der Umsetzung der IT-Strategie stieß das Unternehmen auf einige Herausforderungen, wie z.B. die Integration neuer Technologien, die Schulung der Mitarbeiter und die Akzeptanz von Veränderungen. Diese Herausforderungen wurden erfolgreich bewältigt, indem das Unternehmen auf Schulungen, interne Kommunikation und Schulter-an-Schulter-Support setzte. Das Management spielte eine wichtige Rolle bei der Förderung einer positiven Einstellung gegenüber den Veränderungen und sorgte dafür, dass die Mitarbeiter die Vorteile der neuen IT-Strategie verstanden.

Die IT-Strategie dient, wie im Beispiel dargestellt, als entscheidendes Instrument zur Verbesserung der betrieblichen Effizienz und Innovation in einem Unternehmen.

Hinweis:

Warum scheuen viele Geschäftsführer die Erstellung der IT-Strategie?[9]

- **Fehlendes Verständnis für den strategischen Wert der IT:** Es fehlt möglicherweise das Verständnis dafür, welche strategische Rolle die IT spielt und wie sie das Unternehmen in verschiedenen Bereichen vorantreiben kann.
- **Fehlende Geschäftsstrategie:** Häufig fehlt in klein- oder mittelständischen Unternehmen die vollständig ausformulierte Geschäftsstrategie als Grundlage für die IT-Strategie. Ohne strategische Ziele des Unternehmens oder einzelner Abteilungen, kann auch die IT-Strategie nur schwer definiert werden.
- **Unklarheit über Nutzen und Mehrwert:** Die Geschäftsführung hat möglicherweise kein klares Verständnis davon, wie eine

9 Vgl. Collis (2021); Vgl. Kraaijenbrink (2019); Vgl. Vermeulen (2017); Vgl. Nolan/McFarlan (2005); Vgl. Sull/Homkes/Sull (2015); Vgl. Olson Belk (2022)

IT-Strategie dem Unternehmen nutzen und welchen Mehrwert sie bieten kann.

- **Mangelndes Verständnis für die Bedeutung:** Es fehlt oftmals das Verständnis dafür, wie eine gut durchdachte IT-Strategie die Wettbewerbsfähigkeit und langfristige Ausrichtung des Unternehmens beeinflussen kann.
- **Priorisierung anderer Aktivitäten:** Die Geschäftsführung gibt unter Umständen anderen unternehmensbezogenen Aktivitäten den Vorrang und vernachlässigt die Entwicklung einer IT-Strategie.
- **Kosten und Ressourcenbedarf:** Es besteht die Wahrnehmung, dass die Entwicklung und Umsetzung einer IT-Strategie hohe Kosten verursacht und einen erheblichen Ressourcenbedarf erfordert.
- **Angst vor technologischem Wandel:** Es bestehen Bedenken hinsichtlich des schnellen technologischen Wandels und Unsicherheit darüber, wie das Unternehmen diesen umsetzen kann.
- **Fehlende interne Kompetenz und Ressourcen:** Das Unternehmen verfügt nicht über ausreichend viele interne IT-Fachkräfte und Ressourcen, um eine umfassende IT-Strategie zu entwickeln und umzusetzen.
- **Unterschätzung von Risiken und Herausforderungen:** Es besteht möglicherweise eine Unterschätzung der vorhandenen Risiken und Herausforderungen im Zusammenhang mit der IT-Strategie.
- **Mangelnde Sensibilisierung für IT-Trends:** Das Unternehmen hat möglicherweise kein ausreichendes Bewusstsein für die vorhandenen Trends in der IT und die damit verbundenen Risiken. Veränderungen müssen immer auch in der Strategie analysiert werden und entsprechende Maßnahmen definiert werden.
- **Komplexität der IT-Landschaft und Integration:** Die Integration unterschiedlicher IT-Systeme und Plattformen in eine kohärente IT-Strategie kann aufgrund ihrer Komplexität eine Herausforderung darstellen und zusätzliche Ressourcen binden, bspw. an unterschiedlichen Standorten oder aufgrund von unterschiedlichen Sprachen.
- **Rigidität:** Die Unternehmensführung äußert die Sorge, dass eine schriftliche IT-Strategie zu unflexibel ist und ihre Handlungsspielräume einschränkt. Sie möchte flexibel auf Veränderungen

reagieren können, ohne durch das Dokument zu sehr in ihrem Entscheidungsverhalten gebunden zu sein.

- **Aktualität:** Die Geschäftsführung befürchtet, dass eine schriftliche IT-Strategie schnell veraltet sein könnte. Angesichts ständiger technologischer Fortschritte und Marktveränderungen strebt die Geschäftsführung danach, sicherzustellen, dass die Strategie stets auf dem aktuellen Stand bleibt. Dies erfordert Ressourcen.
- **Flexibilität vs. Veränderungsresistenz:** Die Geschäftsführung möchte sich die Flexibilität bewahren, je nach aktuellen Umständen und Geschäftsanforderungen ad hoc Entscheidungen in Bezug auf die IT treffen zu können. Sie befürchtet, dass eine schriftliche Strategie sie in ihrem Handlungsspielraum einschränkt.
- **Verantwortung**: Eine schriftliche IT-Strategie kann als Verpflichtung angesehen werden, die konsequente Umsetzung zu gewährleisten. Die Geschäftsführung möchte ggf. vermeiden, in der Verantwortung zu stehen, wenn die Umsetzung der Strategie nicht den Erwartungen entspricht.

Der Wirtschaftsprüfer oder ein externer Berater kann in Bezug auf die IT-Strategie eine wichtige Rolle einnehmen. Einige Möglichkeiten der Unterstützung im Rahmen der berufsrechtlichen Begrenzung wären:

- **Fachliches Know-how:** Wirtschaftsprüfer und externe Berater verfügen über spezialisiertes Fachwissen in den Bereichen IT-Strategie, IT-Governance und IT-Risikomanagement. Sie können das Unternehmen bei der Entwicklung einer fundierten und effektiven IT-Strategie unterstützen.
- **Unabhängigkeit:** Als externe Experten können Wirtschaftsprüfer und Berater eine unvoreingenommene Sichtweise einbringen. Sie sind in der Lage, mögliche Schwachpunkte und Potenziale zur Verbesserung zu erkennen, die internen Mitarbeitern möglicherweise entgehen.
- **Best Practices und Erfahrung:** Durch ihre Erfahrung mit verschiedenen Unternehmen und Branchen verfügen Wirtschaftsprüfer und Berater über bewährte Verfahren und Wissen über Erfolgsfaktoren bei der Entwicklung und Umsetzung von IT-Strategien. Sie können etablierte Praktiken empfehlen und auf

erprobte Strategien zurückgreifen, um beim Aufbau einer unternehmensspezifischen Strategie zu unterstützen.
- **Risikobewertung und -management:** Wirtschaftsprüfer und Berater können bei der Identifizierung von IT-Risiken und der Entwicklung geeigneter Maßnahmen zur Risikobewältigung helfen. Sie können das Unternehmen dabei unterstützen, Risiken zu minimieren und Compliance-Anforderungen zu erfüllen. Die Kenntnis über Risiken können die Erstellung der IT-Strategie beeinflussen und entsprechende Themenbereiche der Strategie vorgeben.
- **Prüfung:** Wirtschaftsprüfer können regelmäßige Prüfungen und Überprüfungen der IT-Strategie anbieten, um sicherzustellen, dass sie den Geschäftszielen und den geltenden Standards entspricht. Dies hilft dem Unternehmen, die Wirksamkeit der Strategie zu beurteilen und Verbesserungen vorzunehmen.

Die Rolle des Wirtschaftsprüfers oder eines externen Beraters bei der IT-Strategie besteht darin, das Unternehmen mit Fachwissen und Erfahrung zu unterstützen, um sicherzustellen, dass die IT-Strategie den Geschäftszielen entspricht, Risiken angemessen berücksichtigt und einen Mehrwert für das Unternehmen schafft.

Durch das Verständnis der Chancen und Herausforderungen der IT-Strategie können Unternehmen einen klaren Handlungsplan entwickeln und sicherstellen, dass ihre IT-Strategie erfolgreich zur Erreichung ihrer Geschäftsziele beiträgt. Es ist ein fortlaufender Prozess, der eine enge Zusammenarbeit zwischen IT- und Fachbereichen, eine offene Kommunikation und die Bereitschaft zur kontinuierlichen Verbesserung erfordert.

Hinweis:

Was darf IT kosten?[10]

Die Frage nach den angemessenen Kosten für die IT spaltet Unternehmen und Experten. Einige argumentieren, dass die IT ein strategischer Erfolgsfaktor ist und daher ausreichend Budget erhalten sollte, um Innovationen voranzutreiben und Wettbewerbsvorteile zu sichern. In der Literatur wird auch oftmals davon ausgegangen, dass

10 Vgl. Donzelli (2014); Vgl. Stanek (2017); Vgl. CIOPages (2023)

die IT den größten Kostenblock ausmachen sollte[11]. Auf der anderen Seite gibt es die Ansicht, dass die IT lediglich eine unterstützende Funktion hat und finanziell in Grenzen gehalten werden sollte, um Kosten zu kontrollieren und Ressourcen für andere Geschäftsbereiche freizusetzen.

Die Befürworter einer angemessenen Finanzierung der IT betonen die entscheidende Rolle, die Technologie in der modernen Unternehmenswelt spielt. Eine gut ausgestattete IT-Infrastruktur ermöglicht es Unternehmen, effizienter zu arbeiten, Innovationen zu fördern und schneller auf sich ändernde Marktbedingungen zu reagieren. Darüber hinaus kann eine starke IT-Abteilung die Unternehmenssicherheit stärken und vor Cyber-Bedrohungen schützen, was in der heutigen vernetzten Welt von entscheidender Bedeutung ist.

Auf der anderen Seite argumentieren die Verfechter einer begrenzten IT-Finanzierung, dass die IT in erster Linie eine unterstützende Rolle hat und nicht als zentrale Funktion des Unternehmens betrachtet werden sollte. Die IT sollte ihre Ressourcen verantwortungsbewusst einsetzen und sich auf die Unterstützung der Kerngeschäftsprozesse konzentrieren, ohne kostspielige Luxuslösungen anzustreben. Es liegt in der Verantwortung von Unternehmen, ihre Budgets effizient zu lenken und sicherzustellen, dass Ressourcen gerecht auf alle Geschäftsbereiche verteilt werden. Zudem könnten hohe IT-Investitionen ein Risiko darstellen, insbesondere wenn neue Technologien schnell veraltet sind oder nicht den erwarteten Nutzen bringen.

Eine ausgewogene Perspektive besteht darin, die Kosten der IT in Abstimmung mit den Geschäftszielen und dem jeweiligen Geschäftsumfeld zu betrachten. Es ist wichtig, dass die IT-Strategie eng mit der Unternehmensstrategie abgestimmt ist, um sicherzustellen, dass IT-Investitionen einen Mehrwert bieten. Die IT-Abteilung sollte eng mit dem Management kooperieren, um fortlaufend ihre Leistung zu messen und die Profitabilität ihrer Investitionen zu überwachen. Zudem ist eine klare Kommunikation zwischen den Geschäftsbereichen, der IT-Abteilung und dem Management entscheidend, um sicherzustellen, dass die IT-Vorhaben die Anforderungen des Unternehmens erfüllen und einen tatsächlichen Mehrwert liefern.

---

11 Vgl. Johanning (2019), S. 22f.

Abschließend gibt es kein eindeutiges „richtig" oder „falsch" bei der Frage, wie viel die IT kosten darf. Es hängt von den individuellen Bedürfnissen und Zielen eines Unternehmens ab. Ein angemessenes Budget für die IT kann dazu beitragen, das Unternehmen wettbewerbsfähiger zu machen und zukunftsfähig zu bleiben. Gleichzeitig ist es von Bedeutung, die Ausgaben vernünftig zu gestalten und sicherzustellen, dass die IT ihre Funktion als unterstützende Einheit erfüllt, um die Unternehmensziele effektiv zu erfüllen. Eine ausgewogene und strategische Herangehensweise an die Finanzierung der IT ist der Schlüssel zum langfristigen Erfolg.

Was darf die Entwicklung der IT-Strategie kosten?

Die Frage nach den angemessenen Kosten bei der Entwicklung einer IT-Strategie ist von zentraler Bedeutung für Unternehmen. Allerdings stellt sich die Frage, wie viel eine solche Strategie kosten darf, um einen angemessenen Nutzen zu erzielen, ohne gleichzeitig das Budget des Unternehmens übermäßig zu belasten. Die Kosten einer IT-Strategie setzen sich aus verschiedenen Komponenten zusammen, wie zum Beispiel den Kosten für die Analyse der aktuellen IT-Landschaft, die Entwicklung der Strategie, die Implementierung neuer Technologien und die kontinuierliche Wartung und Aktualisierung.

Mögliche Kostenfaktoren:

- Externe Beratungskosten
- Zeit- und Arbeitsaufwand der internen Teams
- Forschungs- und Analysekosten für die interne IT und externer Faktoren
- Schulungs- und Weiterbildungskosten
- Technologie- und Tool-Investitionen sowie Integrationskosten in die bestehende IT-Infrastruktur und Prozesslandschaft
- Kosten für Stakeholder-Kommunikation
- Eventuelle Kosten für Datenerhebung und -analyse

Eine feste Bezifferung ist nicht für alle Unternehmen möglich und stark davon abhängig, wie das Unternehmen aufgebaut und ausgerichtet ist. Die Erstellung erfordert sorgfältige Überlegungen, oft erstrecken sie sich über Wochen, bis eine fundierte Grundlage geschaffen ist. Die Aktualisierungen können dann aber meist schnell erfolgen, auch hier abhängig von den Veränderungen, mit denen sich das Unternehmen konfrontiert sieht.

Abschließend sollten Unternehmen bei der Festlegung des Budgets für ihre IT-Strategie eine ausgewogene und strategische Herangehensweise wählen. Eine klare Kosten-Nutzen-Analyse, eine sorgfältige Auswahl von Dienstleistern und eine enge Ausrichtung der Strategie auf die Geschäftsziele können dazu beitragen, dass die IT-Strategie erfolgreich ist und den gewünschten Mehrwert für das Unternehmen bringt.

2.2 Chancen und Herausforderungen für den Wirtschaftsprüfer

Der Wirtschaftsprüfer kann eine wichtige Rolle dabei spielen, Unternehmen bei der Entwicklung und Umsetzung einer maßgeschneiderten IT-Strategie zu unterstützen. Durch eine enge Zusammenarbeit mit dem Management und den relevanten Stakeholdern kann der Wirtschaftsprüfer dazu beitragen, eine IT-Strategie zu entwickeln, die den spezifischen Anforderungen und Zielen des Unternehmens gerecht wird. Diese individuell angepasste IT-Strategie kann die Effizienz der IT-Systeme und -Prozesse steigern, die Sicherheit stärken und somit dazu beitragen, die Unternehmensziele auf zielgerichtete Weise zu erreichen.

Folgende **Chancen** gibt es u.a. für den Wirtschaftsprüfer:

- **Grundlage für Bewertung und Prüfung:** Eine klare IT-Strategie bietet dem Wirtschaftsprüfer eine solide Grundlage für die Bewertung und Prüfung der IT-Systeme und -Prozesse eines Unternehmens. Sie dient als Referenzpunkt, ob die IT-Aktivitäten im Einklang mit den strategischen Unternehmenszielen stehen und ob adäquate Kontrollmechanismen implementiert wurden.
- **Effektivere Risikobewertung:** Eine IT-Strategie ermöglicht dem Wirtschaftsprüfer eine umfassendere und nachvollziehbare Bewertung der IT-Risiken eines Unternehmens. Indem der Wirtschaftsprüfer das Verständnis für die strategische Ausrichtung der IT und deren Integration in die Geschäftsprozesse aufweist, kann er mögliche Schwachstellen und Risiken erkennen sowie entsprechende Prüfungsmaßnahmen entwickeln.

- **Unterstützung bei Compliance-Anforderungen:** Eine IT-Strategie hilft dem Wirtschaftsprüfer bei der Beurteilung der Einhaltung von Compliance-Anforderungen. Durch die Festlegung klarer Richtlinien und Verfahren in der IT-Strategie können der Wirtschaftsprüfer und das Unternehmen feststellen, ob die erforderlichen Kontrollen vorhanden sind, um gesetzliche und regulatorische Anforderungen zu erfüllen.
- **Unterstützung bei der IT-Audit-Planung:** Eine IT-Strategie bietet dem Wirtschaftsprüfer eine Orientierungshilfe für die Planung von IT-Prüfungen. Sie ermöglicht es, den Fokus und die Schwerpunkte der Prüfung auf diejenigen Bereiche zu legen, die für das Unternehmen im zu prüfenden Geschäftsjahr strategisch wichtig sind und ein höheres Risiko darstellen. Zusätzlich sollte die IT-Strategie definieren, an welchen Standards oder Best Practices sich das Unternehmen orientieren will und hilft somit dem Wirtschaftsprüfer, einen Anhaltspunkt für vorgesehene Kontrollziele und Kontrollen des Unternehmens zu erhalten. Dies ermöglicht eine effiziente und zielgerichtete Prüfung der IT-Systeme und -Prozesse.
- **Bewertung der Effektivität von IT-Investitionen:** Eine IT-Strategie ermöglicht es dem Wirtschaftsprüfer, die Effektivität und den Nutzen von getätigten IT-Investitionen zu bewerten. Durch die Ausrichtung der IT-Strategie auf die geschäftlichen Ziele des Unternehmens kann der Wirtschaftsprüfer beurteilen, ob die getätigten Investitionen einen Mehrwert für das Unternehmen geschaffen haben und ob die Ressourcen angemessen eingesetzt wurden.
- **Empfehlungen für Verbesserungen:** Basierend auf der analysierten IT-Strategie kann der Wirtschaftsprüfer erste Empfehlungen zur Optimierung der IT-Systeme, -Prozesse und -Kontrollen abgeben. Die Bewertung der IT-Strategie ermöglicht es dem Wirtschaftsprüfer, Schwachstellen aufzuzeigen und konkrete Handlungsempfehlungen zu geben, um Effizienz, Sicherheit und Compliance der IT-Systeme zu verbessern.

Trotz der Chancen stehen dem Wirtschaftsprüfer auch Herausforderungen bei der IT-Strategie gegenüber. Einige Unternehmen, insbesondere kleinere oder weniger technikaffine Unternehmen, verfügen möglicherweise nicht über das erforderliche Fachwissen und die Ressourcen, um eine umfassende IT-Strategie zu entwickeln und umzusetzen. In solchen Fällen ist es die Aufgabe des Wirtschaftsprüfers, im Rahmen seiner berufsrechtlichen Möglichkeiten, das Unternehmen bei der Identifizierung von Engpässen zu unterstützen und Lösungen vorzuschlagen, um die Lücken zu schließen.

Folgende **Herausforderungen** sind u.a. für den Wirtschaftsprüfer anzunehmen:

- **Komplexität der Technologielandschaft:** Die IT-Strategie beinhaltet oft eine komplexe technologische Infrastruktur, bestehend aus verschiedenen Systemen, Anwendungen und Plattformen. Der Wirtschaftsprüfer sollte diese Komplexität verstehen und bewerten, um die Auswirkungen auf die Geschäftsprozesse und die Effektivität der IT-Strategie beurteilen zu können.
- **Schnelle technologische Entwicklungen:** Die IT-Landschaft und die Technologien entwickeln sich schnell weiter. Der Wirtschaftsprüfer sollte in der Lage sein, diese Veränderungen zu erkennen und zu bewerten, um sicherzustellen, dass die IT-Strategie an aktuelle technologische Trends und Best Practices angepasst ist.
- **Compliance-Anforderungen:** Die Einhaltung von Compliance-Anforderungen im Zusammenhang mit IT-Systemen und -Prozessen stellt eine Herausforderung dar. Die Komplexität und Auswirkungen fachfremder gesetzlicher Vorgaben auf die IT eines Unternehmens nehmen stetig zu. Der Wirtschaftsprüfer sollte bewerten, ob die IT-Strategie angemessene Kontrollmechanismen und Sicherheitsmaßnahmen enthält, um gesetzliche und regulatorische Vorgaben zu erfüllen.
- **Ressourcenallokation:** Die effektive Umsetzung der IT-Strategie erfordert die richtige Allokation von Ressourcen wie Budget, Personal und Technologie. Der Wirtschaftsprüfer sollte bewerten, ob die Ressourcen angemessen zugewiesen sind, um die Ziele der IT-Strategie zu erreichen und die Geschäftsziele zu unterstützen.
- **Veränderungsmanagement:** Einführung und Umsetzung einer IT-Strategie erfordern oft Veränderungen in den Organisationen und Arbeitsabläufen. Der Wirtschaftsprüfer sollte die Auswirkungen dieser Veränderungen beurteilen, damit angemessene Maßnahmen ergriffen werden, um die Mitarbeiter auf die Veränderungen vorzubereiten und zu unterstützen.
- **Interdisziplinäre Zusammenarbeit:** Die IT-Strategie betrifft verschiedene Bereiche und Abteilungen im Unternehmen. Der Wirtschaftsprüfer sollte mit verschiedenen Stakeholdern zusammenarbeiten, um sicherzustellen, dass die IT-Strategie in allen relevanten

Bereichen angemessen berücksichtigt wird und die erforderlichen Synergien und Kooperationen entstehen.

- **Technologische Abhängigkeit und Ausfallsicherheit:** Die IT-Strategie sollte Maßnahmen zur Bewältigung von technologischen Abhängigkeiten und zur Gewährleistung der Ausfallsicherheit enthalten. Der Wirtschaftsprüfer sollte die Risiken in Bezug auf die technologische Abhängigkeit und die Ausfallsicherheit bewerten und beurteilen, ob angemessene Kontrollen und Notfallpläne vorhanden sind.
- **Performance-Messung und -Optimierung:** Die IT-Strategie sollte Mechanismen zur Messung und Verbesserung der IT-Performance umfassen. Der Wirtschaftsprüfer ist angehalten, die Effektivität und Effizienz der IT-Systeme und -Prozesse zu bewerten und sicherzustellen, dass angemessene Leistungskennzahlen festgelegt und überwacht werden.

Hinweis:
Die IT-Strategie in einer Kanzlei

Die Ausgestaltung einer effektiven IT-Strategie ist für Wirtschaftsprüfungskanzleien von entscheidender Bedeutung, da sie in einer digitalisierten Geschäftswelt agieren und vertrauliche Informationen ihrer Kunden schützen müssen. Die Größenunterschiede der Kanzleien, von kleinen Boutique-Kanzleien bis hin zu großen internationalen Netzwerken, bringen unterschiedliche Herausforderungen und Anforderungen mit sich. Bei der Entwicklung einer IT-Strategie für die Kanzlei selbst sollten daher grundsätzlich einige wichtige Punkte beachtet werden.

- **Größenspezifische Anforderungen:** Die Größe der Wirtschaftsprüfungskanzlei beeinflusst die Komplexität der IT-Infrastruktur und die Bedürfnisse. Kleine Kanzleien haben möglicherweise begrenzte Ressourcen und müssen sich auf kosteneffiziente IT-Lösungen konzentrieren, während große Kanzleien mit mehr Mandanten und Daten ein höheres Maß an Skalierbarkeit und Sicherheit benötigen.
- **Sicherheit und Datenschutz:** Wirtschaftsprüfungskanzleien verwalten hochsensible Informationen ihrer Mandanten. Eine robuste Sicherheitsstrategie ist daher unerlässlich, um Datenverluste, Cyberangriffe und Datenschutzverletzungen zu verhindern. Die Sicherheitsmaßnahmen sollten dem individuellen

Risikoprofil der Kanzlei und den geltenden gesetzlichen Bestimmungen entsprechen.
- **Effizienzsteigerung:** Die IT-Strategie sollte darauf abzielen, Geschäftsprozesse zu optimieren und die Effizienz zu steigern. Automatisierung, digitale Workflows und der Einsatz moderner Technologien können die Produktivität verbessern und die Mitarbeiter von zeitaufwendigen manuellen Aufgaben entlasten.
- **Flexibilität und Agilität:** In einer sich ständig verändernden Geschäftsumgebung müssen Wirtschaftsprüfungskanzleien flexibel und agil sein. Die IT-Strategie sollte die rasche Anpassung an neue Herausforderungen und Gelegenheiten ermöglichen. Cloud-Lösungen und skalierbare IT-Infrastrukturen bieten hierfür die nötige Flexibilität.
- **Integration von Technologien:** Die IT-Strategie sollte sicherstellen, dass die verschiedenen IT-Systeme und Anwendungen nahtlos miteinander interagieren können. Eine integrierte IT-Landschaft ermöglicht einen reibungslosen Informationsfluss und verhindert Dateninkonsistenzen.
- **Talent und Kompetenz:** Die Kanzlei benötigt qualifiziertes IT-Personal, um die IT-Strategie erfolgreich umzusetzen und den laufenden IT-Betrieb zu gewährleisten. Es ist wichtig, in die Ausbildung und Weiterbildung der Mitarbeiter zu investieren, um sicherzustellen, dass sie über die nötigen Kompetenzen verfügen.
- **Kundenkommunikation:** Die IT-Strategie sollte auch die Kommunikation mit den Mandanten berücksichtigen. Die Kanzlei muss ihre Kunden darüber informieren, wie ihre Daten geschützt werden und wie die IT-Systeme für eine zuverlässige Prüfung eingesetzt werden.
- **Budgetierung:** Die Entwicklung und Umsetzung einer IT-Strategie erfordern Investitionen. Die Budgetierung sollte daher realistisch sein und die Prioritäten der Kanzlei widerspiegeln. Dabei ist eine Abwägung zwischen den Kosten und dem Nutzen der IT-Maßnahmen wichtig.
- **Kompatibilität:** Die IT-Strategie einer Wirtschaftsprüfungskanzlei sollte sicherstellen, dass insbesondere zum Datenaustausch und zur Datenanalyse Anwendungen eingesetzt werden, welche mit einer Vielzahl an Datenformaten und Systemen von Kunden kompatibel sind, um eine einheitliche Lösung für verschiedene Kunden zu ermöglichen.

Zusammenfassend ist eine sorgfältig konzipierte IT-Strategie für Wirtschaftsprüfungskanzleien von entscheidender Relevanz, um den Anforderungen der digitalen Geschäftsumgebung gerecht zu werden und die Sicherheit vertraulicher Informationen zu gewährleisten. Durch eine ganzheitliche Herangehensweise kann die IT-Strategie dazu beitragen, die Wirtschaftsprüfungskanzlei zukunftsfähig zu machen und ihren langfristigen Erfolg zu sichern. Zur Erstellung einer IT-Strategie wird auf Kapitel 4 verwiesen.

2.3 Chancen und Herausforderungen der IT-Strategie für den einzelnen Mitarbeiter

Eine gut entwickelte IT-Strategie kann erhebliche Auswirkungen auf die tägliche Arbeit und die berufliche Entwicklung sowohl von Fachbereichsmitarbeitern als auch von IT-Mitarbeitern haben. Es ist wichtig, die Potenziale und Möglichkeiten zu erkennen, die sich für Mitarbeiter ergeben, sowie die Herausforderungen anzugehen, die mit der Umsetzung einer IT-Strategie einhergehen können. Dadurch können sich die erfolgreiche Entwicklung und die Nachhaltung sowie Unterstützung durch den Mitarbeiter im Unternehmen verbessern.

i

Hinweis:
Bei der Erstellung und Nachhaltung einer IT-Strategie wird häufig der individuelle Mitarbeiter übersehen. Es ist jedoch von großer Bedeutung, ihn in den Prozess einzubeziehen, da die erfolgreiche Umsetzung der Strategie maßgeblich von der Mitarbeiterschaft abhängt. Der Einbezug der Mitarbeiter gewährleistet nicht nur eine breitere Akzeptanz der IT-Strategie, sondern ermöglicht auch wertvolle Einblicke aus erster Hand in die praktischen Anforderungen und Herausforderungen auf operativer Ebene. Dies fördert eine bessere Anpassung der IT-Strategie an die tatsächlichen Anforderungen und trägt dazu bei, Herausforderungen bei der Umsetzung zu minimieren. Ein inklusiver Ansatz, der die Expertise und Perspektiven der Mitarbeiter berücksichtigt, kann somit zu einer erfolgreichen und reibungslosen Umsetzung der IT-Strategie beitragen.

Folgende **Chancen** kann eine IT-Strategie für den einzelnen Mitarbeiter haben[12]:

- **Effizientere Arbeitsprozesse:** Eine sorgfältig ausgearbeitete IT-Strategie kann die Automatisierung und Optimierung von Arbeitsprozessen ermöglichen. Dies wiederum ermöglicht Mitarbeitern in den verschiedenen Fachbereichen, von effizienteren Abläufen zu profitieren.
- **Verbesserte Zusammenarbeit:** Eine IT-Strategie kann Tools und Plattformen umfassen, die die Kooperation und den Austausch von Wissen unter den Mitarbeitern anregen. Fachbereichsmitarbeiter können so effektiver mit Kollegen kommunizieren, Informationen teilen und an gemeinsamen Projekten arbeiten, was Teamarbeit und Effektivität steigert.
- **Verbesserte Kundenerfahrung:** Eine IT-Strategie kann auch die Kundenerfahrung verbessern, indem sie personalisierte Angebote, schnelle Reaktionszeiten und nahtlosen Kundenservice ermöglicht. Fachbereichsmitarbeiter haben die Möglichkeit, Kundenbedürfnisse besser zu verstehen und maßgeschneiderte Lösungen anzubieten.

Insbesondere für den IT-Mitarbeiter (u.a. IT-Leiter, IT-Systemadministrator) bieten sich folgende **Chancen**:

- **Berufliche Weiterentwicklung:** Eine gut durchdachte IT-Strategie eröffnet IT-Mitarbeitern die Möglichkeit, neue Technologien zu erkunden, ihre Fähigkeiten auszubauen und sich beruflich weiterzuentwickeln. Dies kann ihnen neue Karrieremöglichkeiten und herausfordernde Projekte bieten.
- **Einsatz moderner Technologien:** Eine IT-Strategie kann den Einsatz moderner Technologien fördern, was für IT-Mitarbeiter die Möglichkeit schafft, mit den neuesten Entwicklungen mitzuhalten und innovative Lösungen zu entwickeln. Sie können neue Technologien implementieren und ihre Expertise aufbauen, was ihre berufliche Attraktivität steigern kann.
- **Enge Zusammenarbeit mit Fachbereichen:** Eine gut ausgerichtete IT-Strategie erfordert eine enge Zusammenarbeit zwischen IT-Mitarbeitern und Fachbereichen. Hierbei können IT-Mitarbeiter sich als verlässliche Partner positionieren, die den Mitarbeitern der Fachabteilungen dabei helfen, ihre geschäftlichen Ziele umzusetzen und individuell angepasste IT-Lösungen anbieten.

12 Vgl. Hertvik (2022); Vgl. Alonso (2023)

Beispiel

IT-Strategie beeinflusst Mitarbeiter

Vor der Implementierung einer neuen IT-Strategie hatte das Unternehmen mit verschiedenen Herausforderungen zu kämpfen. Die Mitarbeiter hatten Schwierigkeiten, auf ihre Daten und Informationen zuzugreifen, wenn sie im Home-Office arbeiteten. Dies führte zu Verzögerungen, ineffizienter Zusammenarbeit und einer gewissen Frustration bei den Mitarbeitern. Dies führte wiederum zu einer erhöhten Fluktuation im Unternehmen.

Das Unternehmen entschied sich für eine neue IT-Strategie, die auf Cloud-Technologien und mobiles Arbeiten ausgerichtet war. Durch die Implementierung dieser Strategie wurden verschiedene Lösungen umgesetzt, um die Arbeitsabläufe zu optimieren und den Mitarbeitern einen nahtlosen Zugriff auf ihre Daten und Anwendungen zu ermöglichen. Durch die Umsetzung der neuen IT-Strategie konnte das Unternehmen erhebliche Vorteile für den einzelnen Mitarbeiter erzielen. Flexibilität, Effizienz und Mobilität, die durch die Strategie ermöglicht wurden, führten zu einer verbesserten Arbeitsweise und einer gesteigerten Produktivität. Gleichzeitig wurde die Kundenzufriedenheit erhöht und die IT-Infrastruktur optimiert.

Folgende **Herausforderungen** sind für den einzelnen Mitarbeiter jedoch vorstellbar:

- **Technologische Kompetenz:** Die Umsetzung einer IT-Strategie erfordert von den Mitarbeitern eine angemessene technologische Kompetenz und praktische Fähigkeiten, um mit den verwendeten IT-Systemen und -Prozessen umgehen zu können. Mitarbeiter müssen möglicherweise ihre technischen Fähigkeiten weiterentwickeln, um die Anforderungen der IT-Strategie zu erfüllen.
- **Veränderungsbereitschaft:** Die Einführung einer neuen IT-Strategie kann Veränderungen in den Arbeitsabläufen, Prozessen und Tools mit sich bringen. Mitarbeiter müssen bereit sein, sich anzupassen und neue Arbeitsweisen zu erlernen, um die Ziele der IT-Strategie zu unterstützen. Eine hohe Veränderungsbereitschaft und Anpassungsfähigkeit sind daher erforderlich.

- **Schulung und Weiterbildung:** Die Implementierung einer IT-Strategie erfordert ggf. zusätzliche Schulungen und Weiterbildungen für die Mitarbeiter, um die erforderlichen Kenntnisse und Fähigkeiten zu erlangen. Es ist wichtig, dass die Mitarbeiter Zugang zu qualitativ hochwertigen Schulungs- und Weiterbildungsprogrammen haben, um die Anforderungen der IT-Strategie zu erfüllen.
- **Zusammenarbeit und Kommunikation:** Für eine wirksame Implementierung der IT-Strategie ist eine effiziente Kooperation und Kommunikation innerhalb der vielfältigen Abteilungen und unter den Mitarbeitern unerlässlich. Mitarbeiter müssen bereit sein, über Abteilungsgrenzen hinweg zusammenzuarbeiten und Informationen effektiv auszutauschen, um die Ziele der IT-Strategie zu erreichen.
- **Widerstand gegen Veränderungen:** Einige Mitarbeiter können Widerstand gegen Veränderungen zeigen und sich gegen die Umsetzung der IT-Strategie sträuben. Es ist wichtig, Mitarbeiter einzubeziehen, sie von den Vorteilen der IT-Strategie zu überzeugen und ihnen die notwendige Unterstützung zu bieten, um Widerstand und Vorbehalte abzubauen.
- **Zeitmanagement:** Die Implementierung einer IT-Strategie kann zu einer Erhöhung der Arbeitsbelastung und zu zeitlichen Herausforderungen für die Mitarbeiter führen. Es ist wichtig, dass Mitarbeiter in der Lage sind, ihre Zeit effektiv zu organisieren und Prioritäten zu setzen, um die Anforderungen der IT-Strategie zu erfüllen, ohne die allgemeinen Arbeitsabläufe zu beeinträchtigen.

Die Betrachtung der Chancen und Herausforderungen der IT-Strategie für den einzelnen Mitarbeiter verdeutlicht die wichtige Rolle, die diese Strategie in Bezug auf die Arbeitsprozesse und die berufliche Entwicklung spielen kann. Die Implementierung einer sorgfältig geplanten IT-Strategie bietet den Mitarbeitern zahlreiche Chancen, ihre Arbeitsmethoden zu verbessern und ihre Produktivität zu erhöhen. Durch den Einsatz moderner Technologien und die Automatisierung von Prozessen können Mitarbeiter ihre Zeit auf wertschöpfende Tätigkeiten konzentrieren und sich von zeitaufwendigen Aufgaben entlasten lassen. Dennoch gibt es auch Herausforderungen, denen sich Mitarbeiter im Rahmen der IT-Strategie stellen müssen. Dazu gehören möglicherweise die Anpassung an neue Technologien, die Bereitschaft zur Veränderung und die kontinuierliche Weiterbildung, um mit den Entwicklungen Schritt zu halten. Eine enge Zusammenarbeit mit anderen Abteilungen und die Überwindung eventueller Widerstände gegen Veränderungen können ebenfalls erforderlich sein.

Es ist wichtig, dass Mitarbeiter die Chancen der IT-Strategie erkennen und aktiv nutzen, während sie sich gleichzeitig den Herausforderungen stellen und ihre Kompetenzen weiterentwickeln. Unternehmen sollten ihre Mitarbeiter unterstützen, indem sie Schulungen und Ressourcen bereitstellen. Indem Mitarbeiter die Chancen ergreifen und die Herausforderungen meistern, können sie maßgeblich zum Erfolg der IT-Strategie beitragen und gleichzeitig ihre individuelle berufliche Entwicklung fördern. Die kontinuierliche Anpassung an neue Technologien und die Fähigkeit, Veränderungen zu akzeptieren, sind Schlüsselfaktoren, um in einer sich wandelnden digitalen Welt erfolgreich zu sein.

Hinweis:

Schulungen und Awareness-Maßnahmen als wichtige Unterstützung der IT-Strategie

Schulungen und Awareness-Maßnahmen in Bezug auf IT beziehen sich auf die gezielte Schulung von Mitarbeitern, um ihnen das erforderliche Wissen und Verständnis für die IT-Strategie des Unternehmens zu vermitteln. Dies kann technische Schulungen umfassen, bei denen Mitarbeiter lernen, wie sie spezifische IT-Tools oder -Systeme effektiv nutzen können, sowie Schulungen zu IT-Richtlinien, Sicherheits-Best-Practices und Compliance-Anforderungen.

Die Verbindung zwischen Schulungen, Awareness-Maßnahmen und IT-Strategie besteht darin, dass Schulungen dazu beitragen, die Mitarbeiter auf die Umsetzung der IT-Strategie vorzubereiten und sicherzustellen, dass sie die entsprechenden Fähigkeiten und das nötige Bewusstsein haben, um die Strategie erfolgreich umzusetzen. Im Folgenden finden sich einige Punkte, die diese verdeutlichen:

- Ausrichtung auf die Anforderungen: Schulungen und Awareness-Maßnahmen ermöglichen es den Mitarbeitern, die Ziele und Prioritäten der IT-Strategie zu verstehen und sich auf diese aus- und einzurichten. Dadurch erhalten sie Einblicke in die Strategie und erkennen, wie ihre Tätigkeiten zur Erreichung dieser Ziele beitragen.

- Effektive Nutzung von Ressourcen: Schulungen helfen den Mitarbeitern, die IT-Ressourcen des Unternehmens optimal zu nutzen. Sie lernen, wie sie IT-Systeme, Software und Tools effizient einsetzen können, um ihre Aufgaben effektiver zu erledigen und die strategischen Ziele zu unterstützen.
- Sicherheit und Risikomanagement: Schulungen tragen dazu bei, das Bewusstsein für IT-Sicherheit und Risikomanagement zu schärfen. Mitarbeiter werden über Bedrohungen informiert und lernen, wie sie u.a. mit sensiblen Daten umgehen, Sicherheitsprotokolle befolgen und potenzielle Risiken erkennen können. Dies ist entscheidend für die Umsetzung einer sicheren und robusten IT-Strategie.
- Veränderungsmanagement: Schulungen sind auch wichtig, um Mitarbeiter auf Veränderungen im IT-Bereich vorzubereiten, sei es die Implementierung neuer Systeme, die Einführung neuer Technologien oder die Anpassung an neue Arbeitsabläufe.
- Unterstützung der Kultur der kontinuierlichen Verbesserung: Schulungen fördern eine Kultur des lebenslangen Lernens und der kontinuierlichen Verbesserung. Indem Mitarbeitern regelmäßig Schulungen angeboten werden, werden sie dazu ermutigt, ihr Wissen und ihre Fähigkeiten im IT-Bereich weiterzuentwickeln. Hierdurch gewährleistet das Unternehmen, stets auf dem aktuellen Stand der Technologie zu sein und die IT-Strategie kontinuierlich anpassen und optimieren zu können.

3 Definition und Bedeutung der IT-Strategie

Definition und Bedeutung der IT-Strategie in Unternehmen spielen eine entscheidende Rolle für den Erfolg der IT und die Erreichung der übergeordneten Unternehmensziele. Eine gut durchdachte IT-Strategie definiert den Rahmen und die Ausrichtung für den Einsatz von IT im Unternehmen. Sie legt klare Ziele, Prioritäten und Handlungspläne fest, um sicherzustellen, dass die IT die Geschäftsziele unterstützt und einen Mehrwert schafft. In diesem Zusammenhang ist es wichtig, Definition und Bedeutung der IT-Strategie zu verstehen und ihre Abgrenzung von anderen strategischen Initiativen im Unternehmen zu klären. Am Ende dieses Kapitels werden die gesetzlichen und regulatorischen Anforderungen der IT-Strategie beleuchtet und deren Einfluss auf die Ausgestaltung und Umsetzung der IT-Strategie erörtert.

3.1 Definition der IT-Strategie

Der Begriff Strategie kommt aus dem Griechischen[13] und bezeichnet die „Kunst der Heerführung". Die Begrifflichkeit findet sich bereits in der frühen Aufzeichnung und wurde hier vielfach beschrieben.[14]

Die **Strategie**[15] ist ein langfristiger Plan, der die Gesamtausrichtung und Zielsetzung eines Unternehmens oder einer Organisation festlegt und die Grundlage für Entscheidungen und Handlungen bildet. Sie beinhaltet die Identifizierung von Chancen, die Bewältigung von Herausforderungen und die Festlegung des Kurses, um Erfolg und Wettbewerbsvorteile zu erreichen.[16]

---

13 Statos= Heer, agein=führen

14 Bspw. Preußische Heerführer Carl von Clausewitz, 1832 „Die Strategie entwirft den Kriegsplan, und an dieses Ziel knüpft sie die Reihe der Handlungen an, welche zu demselben führen soll, d. h. sie macht die Entwürfe zu den einzelnen Feldzügen und ordnet in diesen die einzelnen Gefechte an." Bzw. General Sun Tzu, ca. 500 v. Chr. „Strategie ohne Taktik ist der langsamste Weg zum Sieg. Taktik ohne Strategie ist das Geschrei vor der Niederlage." (Bashiri/Engels/Heinzelmann (2010); von Oetinger (2003)) Die Strategie ist ein äußerst weitreichender Begriff, der nur schwerlich eine eindeutige Definition aufweist. Unterschiedliche Wissenschaftler haben sich mit diesem Begriff über die Jahre auseinandergesetzt und verschiedene Richtungen auch in ihrer Forschung eingeschlagen. (Vgl. Dietl/Seidl (2003); Vgl. Kreikebaum/Gilbert/Behnam (2018); Vgl. Mintzberg (1980))

15 Auch Unternehmensstrategie

16 Vgl. Hugenberg (2014), S. 4

Hinweis:
Begriffsabgrenzung: Strategie vs. Taktik

Strategie ist der übergeordnete Plan zur Erreichung von Zielen, während Taktik den Weg oder die Art und Weise beschreibt, wie versucht wird, diese Strategie umzusetzen. Ohne eine klare Strategie als übergeordnetes Ziel führen isolierte taktische Handlungen oft nicht zum gewünschten Ergebnis. Taktik allein ist möglicherweise nicht ausreichend, um langfristigen Erfolg zu erzielen.

Eine gut definierte Strategie legt den Rahmen für die taktische Umsetzung fest und bestimmt die Richtung, die das Unternehmen einschlagen möchte. Sie gibt den Leitfaden für Entscheidungen und Maßnahmen vor und hilft dabei, die Ressourcen und Kräfte des Unternehmens optimal einzusetzen. Eine Taktik hingegen bezieht sich auf konkrete Handlungen und Aktivitäten, die darauf abzielen, strategische Ziele zu erreichen. Dies können beispielsweise Marketingaktionen, die Einführung neuer Produkte oder die Entwicklung spezifischer Verkaufsstrategien sein.

Die **IT-Strategie** ist ein umfassender Plan und eine Richtlinie, die die Ausrichtung und Nutzung von IT in einem Unternehmen oder einer Organisation festlegt. Sie umfasst die langfristigen Ziele, Prioritäten und Handlungspläne für den effektiven Einsatz von IT-Ressourcen, um die Geschäftsziele zu unterstützen und einen Mehrwert für das Unternehmen zu schaffen. In anderen Worten, bei der strategischen IT-Planung geht es um die Bereitstellung von Fähigkeiten und Kapazitäten für IT-Dienste, die dem Stand und den Formen der Geschäftsaktivitäten entsprechen, die das Unternehmen zu bestimmten Zeitpunkten in der Zukunft zu erreichen gedenkt.[17]

Die IT-Strategie legt fest, wie IT-Infrastruktur, Systeme, Anwendungen und Prozesse entwickelt, implementiert und verwaltet werden sollen, um Effizienz, Produktivität und Wettbewerbsfähigkeit des Unternehmens zu steigern. Sie berücksichtigt sowohl die aktuellen Anforderungen als auch die zukünftigen Entwicklungen in der Technologie und im Marktumfeld.

17 Vgl. Gregory (2017), S. 25; Vgl. Johanning (2019), S. 6f.

Nach Mertens et al.[18] existieren für die IT-Strategie drei verschiedene Ansatzpunkte:

- Das Unternehmen nutzt die IT, um Kosten zu senken und andere Unternehmensziele zu erreichen.
- Die Wettbewerbsposition soll mit der IT verbessert oder gehalten werden, beispielweise indem ein Mehrwert, den das Unternehmen von Wettbewerbern abhebt, geschaffen wird.
- Die IT ermöglicht es, das Unternehmen in einem Netzverbund zu führen, um es flexibel an eine geänderte Umweltsituation anpassen zu können.

Die IT-Strategie beinhaltet die Festlegung der IT-Governance-Struktur, die Identifizierung von IT-Risiken und -Chancen, die Definition von Richtlinien und Verfahren für IT-Sicherheit, Datenschutz und Compliance sowie die Planung von IT-Investitionen und Ressourcenallokation.

Eine gut entwickelte IT-Strategie sollte eng mit den Geschäftszielen des Unternehmens verknüpft sein und eine klare Vision für die IT-Funktion und deren Beitrag zum Unternehmenserfolg bieten.[19] Sie dient als Leitfaden für Entscheidungen im IT-Bereich und unterstützt die Priorisierung von Projekten, die Entwicklung von IT-Infrastruktur und -Architektur, die Auswahl von Technologien und die Förderung von Innovation.

Die IT-Strategie wird kontinuierlich überprüft und aktualisiert, um den sich ändernden Anforderungen gerecht zu werden und sicherzustellen, dass die IT-Initiativen effektiv zur Erreichung der Unternehmensziele beitragen.[20] Sie ist ein entscheidendes Instrument, um die IT als strategischen Enabler zu nutzen und den Erfolg des Unternehmens in einer zunehmend digitalisierten und technologiegetriebenen Geschäftswelt zu unterstützen.

[18] Vgl. Mertens et al. (2005), S. 181f.; Vgl. Sax (2010), S. 25
[19] Siehe Kapitel 3.5
[20] Vgl. Johanning (2019), S. 58

Hinweis:
Die IT-Strategie und das GRC-Modell

Die IT-Strategie und das GRC-Modell[21] (Governance, Risk Management, and Compliance) sind eng miteinander verbunden und ergänzen sich in der Unternehmensführung und -steuerung. Die IT-Strategie ist ein zentraler Bestandteil des GRC-Modells und wird in den Bereich „Governance" eingeordnet. Governance bezieht sich auf die Leitung und Steuerung eines Unternehmens, einschließlich der strategischen Ausrichtung und Überwachung von Geschäftsprozessen.

Die IT-Strategie beeinflusst die einzelnen Bereiche des GRC-Modells auf folgende Weise:

- **Governance (Regel und Kontrolle):** Die IT-Strategie legt durch ihre Ziele und Maßnahmen die Leitlinien und Richtlinien für den effektiven Einsatz und die Überwachung von IT-Systemen und -Prozessen fest. Sie definiert die Rollen und Verantwortlichkeiten im Zusammenhang mit der IT und bestimmt, wie die IT in die Gesamtstrategie des Unternehmens integriert wird.
- **Risk Management (Risikomanagement):** Die IT-Strategie trägt dazu bei, Risiken im Zusammenhang mit der Informationstechnologie zu identifizieren, zu bewerten und zu managen. Sie legt Sicherheitsmaßnahmen fest, um Risiken (bspw. Datenverluste, Cyberangriffe) zu verhindern oder zu verringern. Durch die klare Ausrichtung der IT-Strategie auf die Geschäftsziele können Risiken besser erkannt und bewertet werden.
- **Compliance (Einhaltung gesetzlicher Vorgaben):** Die IT-Strategie berücksichtigt auch die Einhaltung relevanter gesetzlicher und regulatorischer Vorgaben (bspw. Datenschutzgesetze, BSI-Anforderungen). Sie stellt sicher, dass die IT-Systeme und -Prozesse den geltenden Vorschriften entsprechen und dass alle Anforderungen erfüllt werden.

21 Siehe auch Knoll/Strahringer (2018) und Ausführungen zum GRC-Modell in Nestler/Modi (2019), S. 27f.

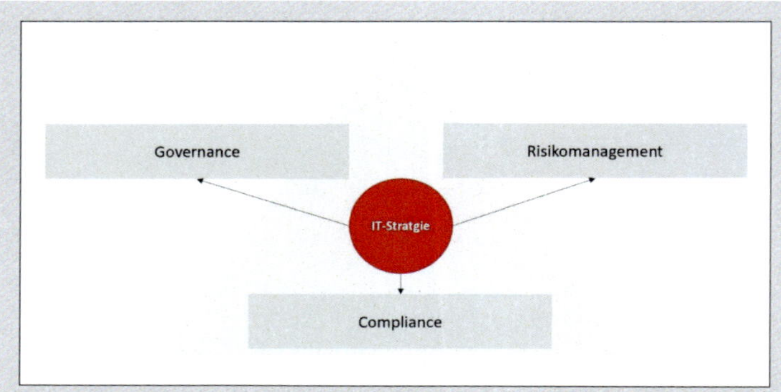

Abb. 3.1 IT-Strategie im Kontext von Governance-Risikomanagement-Compliance[22]

Die IT-Strategie bildet somit das Grundgerüst für eine effektive Governance und ein effizientes Risk Management und eine angemessene Compliance im GRC-Modell. Sie sorgt dafür, dass die IT effektiv eingesetzt wird, um die Geschäftsziele zu unterstützen, Risiken zu minimieren und die Einhaltung gesetzlicher Vorgaben zu gewährleisten. Eine gut ausgestaltete IT-Strategie ist daher unerlässlich, um das Unternehmen erfolgreich zu führen, Risiken zu managen und eine solide Basis für die Unternehmenssteuerung zu schaffen.

3.2 Der Einfluss von Vision, Mission und Werte auf die IT-Strategie

Ein zentraler Faktor für den Erfolg einer IT-Strategie in Unternehmen ist die klare Kommunikation, das umfassende Verständnis und die Integration von Vision, Mission und Werten in das Unternehmensgerüst. Diese Elemente bilden das Herzstück der strategischen Ausrichtung eines Unternehmens und haben einen starken Einfluss auf die Art und Weise, wie die IT im Unternehmen genutzt wird.

Die **Vision** ist die Antwort auf die Frage „Warum gibt es ein Unternehmen?“ und stellt gewöhnlich den Mehrwert dar, den ein Unternehmen für Kunden, Mitarbeiter, Stakeholder oder die Gesellschaft birgt.[23] Die

[22] Abbildung selbsterstellt
[23] Vgl. De Feo/Janssen (2001), S.1

Vision des Unternehmens versteht sich als ein Leitbild für die Zukunft. Es stellt dar, was ein Unternehmen in den nächsten Jahren bewirken will und in welche Richtung, sich das Unternehmen entwickeln möchte. Die Unternehmensvision soll Emotionen wecken, aber dennoch einfach formuliert und verständlich sein.[24]

Die **Mission** wird dabei von der Vision eines Unternehmens abgeleitet und beantwortet die Frage „Was macht das Unternehmen?". Sie spiegelt damit den Zweck wider, dem das Unternehmen dient. Die Mission beschreibt so den aktuellen Stand der Dinge und nimmt Bezug auf die Gegenwart.[25]

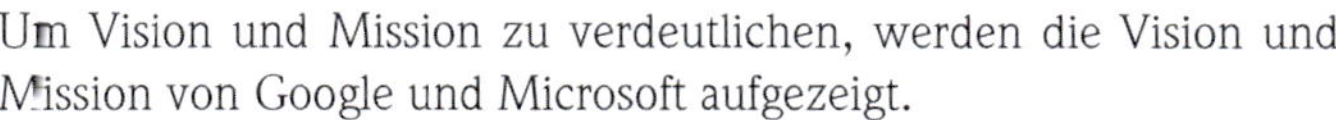

Beispiel

Um Vision und Mission zu verdeutlichen, werden die Vision und Mission von Google und Microsoft aufgezeigt.

Google's Vision beantwortet die Frage, warum es das Unternehmen gibt mit "to provide access to the world's information in one click." Das Geschäft von Google ist eine direkte Manifestation dieser Vision. Das bekannteste Produkt von Google ist der Suchmaschinendienst. Dieses Produkt ermöglicht Menschen den einfachen Zugriff auf Informationen aus der ganzen Welt. Das Unternehmen wendet seine Vision zusammen mit dem Leitbild an, die Dominanz als Unternehmen für Internettechnologie, Software, Hardware und Onlinedienste aufrechtzuerhalten. Die Mission von Google ist „Die Informationen dieser Welt organisieren und allgemein zugänglich und nutzbar machen."

Seit seinen Anfängen hat sich das Unternehmen auf die Entwicklung seiner proprietären Algorithmen konzentriert, um die Effektivität bei der Organisation von Onlineinformationen zu maximieren. Google konzentriert sich weiterhin darauf, sicherzustellen, dass die Menschen Zugang zu den Informationen haben, die sie benötigen. Das Leitbild des Unternehmens orientiert sich an einem utilitaristischen Nutzen, den das Unternehmen seinen Nutzern bietet.[26]

24 Vgl. Acquisa (2023)
25 Vgl. De Feo/Janssen (2001), S.1; Vgl. Acquisa (2023)
26 Vgl. Thompson (2018)

Die Vision von Microsoft ist „Andere befähigen, mehr zu erreichen." und definiert somit den Mehrwert des Unternehmens.

Die Mission eines Unternehmens kann sich wie die Strategie über die Zeit hinweg verändern. Beispielsweise startete Microsoft mit der Mission „Ein Computer auf jedem Schreibtisch und in jedem Zuhause." (Microsoft 1975) Da diese Mission heutzutage als Zweck nicht mehr ausreichend ist, hat sich diese geändert und lautet jetzt „Unsere Mission ist es, jede Person und jedes Unternehmen auf dem Planeten zu befähigen, mehr zu erreichen."[27]

Die **Werte** eines Unternehmens sind fundamentale Prinzipien, die das Verhalten der Mitarbeiter lenken. Werte dienen häufig als übergeordnetes und lenkendes Element. Sie beeinflussen die Kultur des Unternehmens stark, indem sie Verhaltensnormen festlegen, bspw. den Einstellungsprozess beeinflussen, Entscheidungsfindungen lenken und die Zusammenarbeit fördern. Mitarbeiter, die die gleichen Werte teilen, sind oft motivierter und engagieren sich stärker für das gemeinsame Ziel des Unternehmens. Werte bestimmen die Zielvorstellungen des Unternehmens und nehmen Einfluss auf das Arbeitsverhalten des einzelnen Mitarbeiters und das Führungsverhalten des Managements. In Krisenzeiten bieten Werte eine ethische Leitlinie. Kurz gesagt, Werte formen die Unternehmenskultur und helfen dabei, eine kohärente, wertebasierte Umgebung zu schaffen, die die Mission der Organisation unterstützt. Es ist aber auch entscheidend, dass die Werte nicht nur schriftlich definiert sind, sondern insbesondere, dass die definierten Werte im Unternehmen durch das Management vorgelebt und somit im ganzen Unternehmen von allen Mitarbeitern verstanden und angenommen werden können.

Gemeinsam bilden Vision, Mission und Werte die Grundlage für das Leitbild des Unternehmens (siehe Abb. 3.2). Das **Unternehmensleitbild** bringt die Unternehmensphilosophie zum Ausdruck, sodass sich ein Gesamtbild der Mitarbeiter und ihrer Handlungen ergibt. [28]

[27] https://www.microsoft.com/de-de/about (Stand 08.07.2023)
[28] Vgl. Acquisa (2023)

Das Leitbild eines Unternehmens beeinflusst maßgeblich Ziele und Richtung der Organisation. Es dient als Leitfaden für Entscheidungen und Handlungen, die darauf abzielen, die Vision und Werte des Unternehmens zu verwirklichen. Neben grundsätzlichen Zielen des Unternehmens, werden üblicherweise lang- und mittelfristige sowie operative Ziele für das Unternehmen oder einzelne Unternehmensbereiche definiert. Dabei nehmen die übergeordneten Ziele jeweils auf die nächste Zielstufe Einfluss. Die übergeordneten Ziele, beginnen mit den strategischen oder mittelfristigen Zielen. Dazu wird definiert, wo das Unternehmen in drei bis fünf Jahren sein wird.[29] Hierbei ist es wichtig, nicht nur auf Unternehmensebene, sondern auch für einzelne Abteilungen strategische Ziele zu definieren, wie bspw. IT-Ziele im Rahmen einer IT-Strategie.

Vision, Mission und Werte beeinflussen indirekt die IT-Strategie und sind für ihre Ausgestaltung entscheidend. Aus den strategischen Zielen, bspw. der IT, werden operative Ziele oder Jahresziele abgeleitet. Die operativen Ziele stecken den Verantwortungsbereich ab, bis hinunter auf die Ebene des einzelnen Mitarbeiters. Sie legen auch fest, welche konkreten Maßnahmen es umzusetzen gilt und welche Aufgaben verteilt werden sollen.[30] Beispiele für operative Kennzahlen sind die Verfügbarkeit von Systemen, die Wiederherstellzeit nach Ausfällen oder die Anzahl offener Tickets beim Helpdesk des Unternehmens.

Die Integration der IT-Strategie in Vision, Mission und Werte stellt sicher, dass Informationstechnologie als kritischer Enabler für die Verwirklichung der strategischen Ziele und ethischen Grundsätze des Unternehmens betrachtet wird.

Praxistipp:
Die Vision, Mission, Werte und die (IT-)Strategie geben langfristig die Richtung vor, wie sich das Unternehmen entwickeln soll. Trotzdem sind diese nicht statisch und müssen sich an neue Umwelteinflüsse oder auch an wesentliche Veränderungen innerhalb des Unternehmens anpassen.

29 Vgl. Sidler (2015), S. 22f.
30 Vgl. Sidler (2015), S. 23

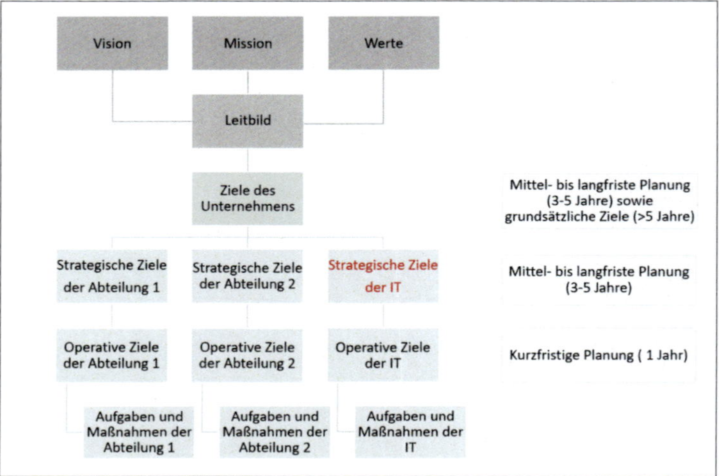

Abb. 3.2 Zusammenhang der IT-Strategie mit dem Leitbild des Unternehmens[31]

Praxistipp:
Die Compliance-Kultur im Zusammenspiel mit der IT-Strategie

Die Compliance-Kultur spielt eine entscheidende Rolle im Zusammenspiel mit der IT-Strategie eines Unternehmens. Die Compliance-Kultur bezieht sich auf Haltung, Werte und Verhaltensweisen innerhalb einer Organisation, die darauf abzielen, die Einhaltung von Gesetzen, Vorschriften, internen Richtlinien und ethischen Standards sicherzustellen. Eine starke Compliance-Kultur zeigt, dass das Unternehmen und seine Mitarbeiter sich verpflichtet fühlen, regelkonform zu handeln und ethische Prinzipien zu respektieren. Dies schafft ein Umfeld, in dem die Befolgung von Vorschriften und Richtlinien als selbstverständlich angesehen wird und als integraler Bestandteil der Unternehmenskultur betrachtet wird. Hier sind einige Aspekte, die berücksichtigt werden sollten:

– Einhaltung von gesetzlichen und regulatorischen Anforderungen: Eine starke Compliance-Kultur stellt sicher, dass das Unternehmen alle relevanten Gesetze, Vorschriften und Bestimmungen einhält, die für den IT-Bereich gelten. Dies umfasst beispielsweise Daten-

[31] Abbildung selbst erstellt

schutzbestimmungen, Sicherheitsstandards und branchenspezifische Compliance-Anforderungen. Unterstützt werden kann dies bspw. durch ein Hinweisgeberschutzsystem, welches ermöglicht, dass Abweichungen zur Compliance durch den Mitarbeiter gemeldet werden können.

- Risikominimierung: Eine gute Compliance-Kultur in Verbindung mit der IT-Strategie hilft dabei, Risiken zu identifizieren, zu bewerten und zu minimieren. Das Unternehmen entwickelt Richtlinien, Verfahren und Kontrollen, um sicherzustellen, dass IT-Risiken angemessen adressiert und reduziert werden. Mitarbeiter trauen sich Risiken zu identifizieren und auch zu adressieren, ohne Strafen zu erwarten.
- Datenintegrität und Vertraulichkeit: Eine Compliance-Kultur fördert den Schutz der Integrität und Vertraulichkeit von Daten. Dies beinhaltet den angemessenen Umgang mit sensiblen Informationen, die Sicherstellung der Datensicherheit und den Schutz vor unbefugtem Zugriff oder Datenverlust.
- Transparenz und Berichterstattung: Eine starke Compliance-Kultur fördert Transparenz und ermöglicht eine effektive Berichterstattung über Compliance-relevante Aktivitäten und Ereignisse im Zusammenhang mit der IT-Strategie. Dies ermöglicht die Überwachung und Bewertung der Einhaltung von Richtlinien und Standards.
- Mitarbeiterverhalten und Schulungen: Eine Compliance-Kultur fördert das Bewusstsein für Compliance-Anforderungen und ermutigt die Mitarbeiter, sich entsprechend zu verhalten. Regelmäßige Schulungen und Kommunikation über Compliance-Themen im Zusammenhang mit der IT-Strategie sind wichtig, um das Verständnis und das Engagement der Mitarbeiter zu fördern.
- Unternehmensreputation und Vertrauen: Eine starke Compliance-Kultur in Verbindung mit einer gut durchdachten IT-Strategie trägt zur Aufrechterhaltung einer positiven Unternehmensreputation bei. Dies schafft Vertrauen bei Kunden, Investoren und anderen Stakeholdern und stärkt die langfristige Nachhaltigkeit des Unternehmens.

Es ist wichtig, dass die Compliance-Kultur eng mit der IT-Strategie des Unternehmens verknüpft ist. Eine gut definierte IT-Strategie sollte Compliance-Anforderungen berücksichtigen und sicherstellen, dass das Unternehmen die geltenden Vorschriften einhält. Gleichzeitig unterstützt eine starke Compliance-Kultur die Umsetzung der IT-Strategie, indem sie das Unternehmen vor rechtlichen und regulatorischen Risiken schützt und Vertrauen in die IT-Systeme und -Prozesse schafft.

3.3 Bedeutung der IT-Strategie

Die Bedeutung der IT-Strategie in Unternehmen sollte nicht unterschätzt werden. Angesichts der wachsenden Bedeutung der IT für nahezu alle Geschäftsbereiche ist eine klare und gut durchdachte IT-Strategie entscheidend für den langfristigen Erfolg eines Unternehmens. Die IT-Strategie legt die Richtung und den Rahmen fest, in dem die IT-Aktivitäten ausgeführt werden, um die Geschäftsziele zu unterstützen und einen Wettbewerbsvorteil zu erlangen. Daher ist es von entscheidender Bedeutung, die IT-Strategie als integralen Bestandteil der Gesamtstrategie des Unternehmens zu betrachten und ihr die entsprechende Aufmerksamkeit und Ressourcen zukommen zu lassen.

i

Hinweis:

Der Unterschied zwischen Chancen und Bedeutung der IT-Strategie liegt in ihrer Charakteristik und ihrem Anwendungsbereich[32]

Chancen der IT-Strategie: Die Chancen der IT-Strategie beziehen sich auf die positiven Auswirkungen und Möglichkeiten, die sich aus einer gut entwickelten und effektiv umgesetzten IT-Strategie ergeben können. Dies umfasst potenzielle Vorteile wie Effizienzsteigerung, Kostenreduktion, verbesserte Geschäftsprozesse, innovative Produktentwicklung, bessere Kundenerfahrung, Wettbewerbsvorteile, schnellere Markteinführung neuere Produkte oder Dienstleistungen und vieles mehr. Die Chancen spiegeln die positiven Potenziale wider, die durch eine strategische Nutzung von IT im Unternehmen entstehen können.

[32] Siehe Kapitel 2

Bedeutung der IT-Strategie: Die Bedeutung der IT-Strategie liegt in ihrer Rolle als strategisches Instrument für das Unternehmen. Sie verdeutlicht die Relevanz und den Wert der IT als zentraler Bestandteil der Unternehmensstrategie. Die Bedeutung der IT-Strategie liegt darin, dass sie den strategischen Einsatz von IT-Aktivitäten unterstützt, um die Geschäftsziele zu erreichen. Sie zeigt auf, wie die IT als treibende Kraft hinter Geschäftswachstum, Innovation, Effizienz und Wettbewerbsfähigkeit agieren kann. Die Bedeutung der IT-Strategie liegt in ihrer Fähigkeit, die IT-Initiativen mit den übergeordneten strategischen Unternehmenszielen zu verknüpfen und den Mehrwert der IT für das Unternehmen bestmöglich zu nutzen.

Zusammenfassend kann man sagen, dass die Chancen der IT-Strategie die positiven Auswirkungen und Möglichkeiten beschreiben, die sich durch ihre effektive Umsetzung ergeben können. Die Bedeutung der IT-Strategie liegt in ihrer Rolle als strategisches Instrument, das die IT-Aktivitäten des Unternehmens in Einklang mit den Unternehmenszielen und der langfristigen Vision bringt. Während die Chancen auf die positiven Potenziale abzielen, verdeutlicht die Bedeutung die strategische Relevanz und den Wert der IT-Strategie für das Unternehmen.

3.3.1 Allgemeine Bedeutung der IT-Strategie

Im Folgenden werden die Hauptaspekte zur allgemeinen Bedeutung der IT-Strategie beleuchtet:

- **Vorausschau auf Unvorhergesehenes:** Die IT-Strategie dient dazu, sich auf unerwartete Ereignisse vorzubereiten und eine klare Ausrichtung auch unter neuen Bedingungen zu bieten. Sie ermöglicht es, flexibel auf Veränderungen zu reagieren.
- **Interne und externe Ausrichtung:** Die IT-Strategie definiert, wie die IT-Abteilung mit den inneren Abläufen des Unternehmens sowie den äußeren Marktbedingungen in Einklang steht. Dies hilft bei der Koordination von internen Prozessen und der Anpassung an externe Entwicklungen.
- **Unterstützung von Entscheidungen:** Bei Entscheidungen wie der Auswahl neuer Produkte, der Positionierung im Markt und der Verteilung von Ressourcen bietet die IT-Strategie klare Leitlinien. Dadurch können Entscheidungen zielgerichtet und effektiv getroffen werden.

- **Priorisierung von Anforderungen:** In Unternehmen erhält die IT-Abteilung Anforderungen aus verschiedenen Abteilungen. Die IT-Strategie hilft dabei, diese Anforderungen nach ihrer strategischen Relevanz zu priorisieren und sicherzustellen, dass sie mit der übergeordneten Ausrichtung übereinstimmen.
- **Umfassende Perspektive:** Da die IT in viele Unternehmensprozesse involviert ist, muss die IT-Strategie eine ganzheitliche Sichtweise auf das Unternehmen haben. Sie stellt sicher, dass IT-Entscheidungen das gesamte Unternehmen bestmöglich unterstützen.
- **Langfristiger Erfolg:** Die IT-Strategie trägt dazu bei, langfristige Wettbewerbsvorteile zu schaffen. Sie ermöglicht es dem Unternehmen, einzigartige Leistungen anzubieten, die es von Wettbewerbern abheben und langfristig erfolgreich machen.
- **Betonung der IT-Strategie und der IT-Abteilung:** Die Bedeutung der IT-Strategie liegt darin, dass die IT-Abteilung die Technologie als treibende Kraft nutzen kann, um Geschäftswachstum, Effizienzsteigerung und Innovationskraft zu fördern.
- **Kundenzufriedenheit durch Effizienz:** Die Verbesserung der IT-Prozesse, wie z.B. schnellere Online-Transaktionen, trägt dazu bei, die Kundenzufriedenheit zu steigern, da Kunden effizienter bedient werden können.

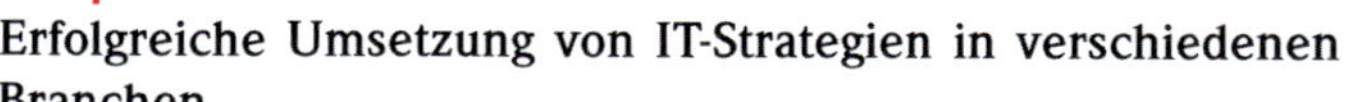

Beispiel

Erfolgreiche Umsetzung von IT-Strategien in verschiedenen Branchen

Finanzdienstleistungen: Eine Bank führte eine umfassende Digitalisierungsstrategie ein, um ihren Kunden innovative Onlinedienste anzubieten. Dies ermöglichte eine personalisierte Kundenansprache und führte zu einer Steigerung der Kundenzufriedenheit und -bindung.

Gesundheitswesen: Ein Krankenhaus entwickelte eine IT-Strategie, die die Einführung elektronischer Patientenakten und Telemedizin beinhaltete. Dies optimierte den Informationsfluss, beschleunigte Diagnosen und verbesserte die Patientenversorgung.

Einzelhandel: Ein Einzelhändler implementierte eine Cloud-Strategie, um flexibel auf saisonale Nachfrageschwankungen reagieren zu können. Dies ermöglichte eine optimierte Lagerhaltung, verbesserte Lieferkettenprozesse und eine erhöhte Kundenzufriedenheit.

3.3.2 Bedeutung der IT-Strategie für Unternehmen

Die Bedeutung der IT-Strategie für Unternehmen liegt in ihrer Rolle als strategisches Instrument zur Ausrichtung der IT auf die Unternehmensziele und -anforderungen. In Ergänzung zu den oben genannten Chancen erfüllt die IT-Strategie im Folgenden beschriebene Bedeutungen.

Unterstützung der Unternehmensstrategie und Entscheidungen im Unternehmen:

Die Ausrichtung der IT auf die Unternehmensstrategie ist von entscheidender Bedeutung für Unternehmen. Die IT-Strategie spielt dabei eine wichtige Rolle, indem sie dabei unterstützt, dass die IT-Investitionen, -Ressourcen und -Maßnahmen des Unternehmens in Abstimmung mit den übergeordneten Unternehmenszielen stehen. Eine angemessen definierte IT-Strategie schafft eine Verknüpfung zwischen der IT und den strategischen Prioritäten des Unternehmens. Sie dient als strategischer Leitfaden für IT-Entscheidungen und -Maßnahmen, um sicherzustellen, dass sie den unternehmerischen Zielen dienen und den gewünschten Mehrwert schaffen. Indem die IT-Strategie die Ausrichtung der IT auf die Unternehmensstrategie unterstützt, ermöglicht sie eine optimale Nutzung der IT-Ressourcen. Sie hilft bei der Identifizierung von neuen oder veränderten Technologien, die den Geschäftsbetrieb unterstützen und verbessern können. Durch die Einbindung von IT in die Unternehmensstrategie werden Herausforderungen reduziert, die eine effektive Zusammenarbeit zwischen den verschiedenen Bereichen im Unternehmen behindern könnten.

Eine klare Verknüpfung zwischen IT und den strategischen Prioritäten des Unternehmens ermöglicht oftmals eine bessere Entscheidungsfindung. Die IT-Strategie bietet einen Leitfaden, um geplante IT-Investitionen und -Projekte zu priorisieren. Damit stellt sie sicher, dass Investitionen und Projekte den größtmöglichen Wert für das Unternehmen liefern. Sie trägt zur Bewertung von Kosten, Risiken und Vorteilen bei und ermöglicht eine fundierte Entscheidungsfindung hinsichtlich der IT. Darüber hinaus fördert die Ausrichtung der IT auf die Geschäftsstrategie eine bessere Kontrolle und Überwachung der IT-Performance (vgl. internes Kontrollsystem). Die IT-Strategie legt Ziele und Kennzahlen fest, um die Fortschritte zu messen und sicherzustellen, dass die IT effektiv zur Erreichung der unternehmerischen Ziele beiträgt (siehe

Kapitel 6). Dadurch können Schwachstellen identifiziert und Verbesserungen vorgenommen werden, um die IT-Leistung kontinuierlich zu optimieren.

Steigerung der Wettbewerbsfähigkeit und Überwindung von Markteintrittsbarrieren:

Eine angemessene IT-Strategie ist ein zentrales Instrument bei der Steigerung der Wettbewerbsfähigkeit eines Unternehmens. Sie ermöglicht es Unternehmen, technologische Trends zu nutzen, um ihre Stellung im Markt zu stärken und sich von ihrer Konkurrenz abzuheben. Die IT-Strategie unterstützt Unternehmen dabei, Trends frühzeitig zu erkennen und für ihre Geschäftsaktivitäten zu nutzen (bspw. Künstliche Intelligenz, Internet of Things oder Cloud Computing). Dies ermöglicht es ihnen, effizientere Prozesse zu schaffen und neue Geschäftsmodelle zu erschließen. Darüber hinaus fördert eine gut durchdachte IT-Strategie eine Kultur der Innovation im Unternehmen. Sie schafft ein Umfeld, in dem neue Konzepte hinsichtlich der IT entwickelt und umgesetzt werden können. Dadurch können Unternehmen einen Wettbewerbsvorteil erlangen und neue Märkte erschließen.

Eine IT-Strategie kann Unternehmen auch dabei unterstützen, ihre Geschäftsprozesse effizienter zu gestalten. Durch den Einsatz von digitalen Technologien und Automatisierung ist es Unternehmen möglich, ihre Produktivität zu steigern und Kosten zu senken. Effizientere Prozesse ermöglichen, schneller auf Kundenanforderungen zu reagieren und bspw. Lieferzeiten zu verkürzen. Dies kann zu einer höheren Kundenzufriedenheit und einer besseren Wettbewerbsposition führen. Darüber hinaus hilft eine gut durchdachte IT-Strategie Unternehmen, neue Geschäftschancen zu identifizieren und zu nutzen. Durch die Analyse von Markttrends und Kundenverhalten können Unternehmen neue Marktsegmente erkennen und ihre Produkte oder Dienstleistungen entsprechend anpassen. Die Identifizierung von Nischenmärkten oder neuen Geschäftsmöglichkeiten ermöglicht es Unternehmen, neue Umsatzquellen zu erschließen und ihr Wachstum voranzutreiben.

Unterstützung des Risikomanagements:

Risikomanagement ist ein wichtiger Aspekt, der von der IT-Strategie beeinflusst wird. Während der Erstellung und des regelmäßigen Reviews identifiziert und analysiert die IT-Strategie Risiken, die mit der IT-Landschaft des Unternehmens verbunden sind. Durch die Identifizierung und Bewertung dieser Risiken kann das Unternehmen gezielte Maßnahmen zur Risikominderung ergreifen und effektives Notfall- bzw. Krisenmanagement betreiben. Die IT-Strategie legt klare Maßnahmen fest, um die Sicherheit der IT-Systeme und -Infrastruktur zu gewährleisten (bspw. Backup, Firewall, Datenschutz).

Des Weiteren befasst sich die IT-Strategie mit der Vorbereitung auf potenzielle Krisensituationen. Sie definiert Notfallpläne und Reaktionsstrategien für den Fall von IT-Ausfällen, Cyberangriffen oder anderen Störungen. Diese Pläne umfassen die frühzeitige Erkennung von Bedrohungen, die schnelle Reaktion auf Zwischenfälle sowie die Wiederherstellung der IT-Infrastruktur und -Dienste. Die IT-Strategie stellt sicher, dass das Unternehmen auf unvorhersehbare Ereignisse vorbereitet ist und in der Lage ist, angemessen darauf zu reagieren, um mögliche Schäden zu begrenzen und die Geschäftskontinuität aufrechtzuerhalten. Durch effektives Risikomanagement in der IT-Strategie kann das Unternehmen potenzielle Schäden durch IT-Ausfälle, Datenverluste oder Sicherheitsverletzungen minimieren. Es schützt den Ruf des Unternehmens, minimiert finanzielle Verluste und stellt sicher, dass die Geschäftsprozesse kontinuierlich und zuverlässig ablaufen.

Optimierung der IT-Infrastruktur:

Eine effektive IT-Strategie spielt eine entscheidende Rolle bei der Optimierung der IT-Infrastruktur eines Unternehmens. Indem klare Ziele und Richtlinien für die Auswahl, Implementierung und Integration von Technologien festgelegt werden, ermöglicht die IT-Strategie Unternehmen, ihre IT-Infrastruktur gezielt zu verbessern und zu optimieren. Die IT-Strategie definiert die technologischen Anforderungen des Unternehmens und legt fest, welche Systeme, Plattformen und Infrastrukturen geeignet sind, um diese Anforderungen zu erfüllen. Sie unterstützt bei der Evaluierung und Auswahl der richtigen Technologien und Anbieter, um sicherzustellen, dass die IT-Infrastruktur den unternehmerischen Zielen entspricht und zukunftsfähig ist. Darüber hinaus legt die IT-Strategie auch klare Vorgaben für die Implementierung und Integration neuer Technologien fest. Dadurch ist gewährleistet, dass die neuen Technologien effizient in den aktuellen Betrieb integriert werden und funktionieren können. Die Optimierung der IT-Infrastruktur durch die IT-Strategie führt zu zahlreichen Vorteilen für Unternehmen. Eine optimierte Infrastruktur ermöglicht es Unternehmen, ihre Geschäftsprozesse effizienter zu gestalten und die Produktivität zu steigern. Durch den Einsatz moderner Technologien können Unternehmen manuelle und zeitaufwendige Aufgaben automatisieren, redundante Prozesse eliminieren und Engpässe beseitigen. Dies führt zu einer Kostenreduktion und einer Steigerung der operativen Effizienz.

Effiziente IT-Governance und -Management:

Eine effektive IT-Strategie bildet die Grundlage für effiziente IT-Governance und wirksames IT-Management. Sie definiert Verantwortlichkeiten, Prozesse und Kontrollen, um sicherzustellen, dass die IT im Unternehmen effektiv verwaltet wird und den unternehmerischen Zielen gerecht wird. Die IT-Strategie legt innerhalb des Planungszeitraums die Rollen und Verantwortlichkeiten innerhalb der IT-Organisation fest. Sie definiert klare Zuständigkeiten für das Management, die Überwachung und die Umsetzung der IT-Strategie. Dadurch wird sichergestellt, dass die IT-Initiativen und -Aktivitäten im Einklang mit den übergeordneten Unternehmenszielen stehen und von den richtigen Personen verantwortet werden. Darüber hinaus gibt die IT-Strategie auch die Richtung für die IT-Prozesse und -Methoden, die zur effektiven Steuerung der IT-Systeme und -Dienstleistungen erforderlich sind, vor (bspw. Zugriff auf sensible Daten, Behandlung von Störungen im IT-Betrieb).

Des Weiteren unterstützt die IT-Strategie die Definition von Kontrollmechanismen und Compliance-Richtlinien (siehe internes Kontrollsystem). Sie stellt sicher, dass die IT-Systeme und -Prozesse den relevanten Gesetzen, Vorschriften und Standards folgen. Durch die Implementierung entsprechender Kontrollen wird sichergestellt, dass das Unternehmen rechtliche und regulatorische Anforderungen erfüllt und potenzielle Risiken minimiert. Die IT-Strategie fördert auch die Transparenz und Kommunikation im IT-Governance-Prozess. Sie gibt vor, wie Informationen über IT-Entscheidungen, -Ressourcen und -Projekte innerhalb des Unternehmens kommuniziert werden sollten. Dies ermöglicht den relevanten Stakeholdern, einschließlich des Managements und der internen Revision, den IT-Governance-Prozess zu verstehen und effektiv zu überwachen.

Change-Management und Anpassungsfähigkeit:

Die IT-Strategie spielt eine wichtige Rolle bei der Förderung von Change-Management und der Stärkung der Anpassungsfähigkeit eines

Unternehmens. Sie schafft den Rahmen für einen strukturierten und effektiven Umgang mit Veränderungen in der Technologie und im Geschäftsumfeld und ermöglicht es dem Unternehmen, flexibel auf neue Herausforderungen und Chancen zu reagieren. Eine angemessene IT-Strategie berücksichtigt bereits im Vorfeld mögliche Veränderungen in der Technologielandschaft und im Marktumfeld. Sie identifiziert Trends und Entwicklungen, die für das Unternehmen relevant sein können, und legt Strategien fest, um auf diese Veränderungen proaktiv reagieren zu können. Dies ermöglicht es dem Unternehmen, sich frühzeitig auf neue Technologien, Markttrends und Kundenanforderungen einzustellen. Durch das Change-Management, das in der IT-Strategie verankert ist, wird gewährleistet, dass Veränderungen u.a. in der IT-Infrastruktur, den Systemen und den Geschäftsprozessen effektiv geplant, umgesetzt und kontrolliert werden. Es werden klare Verfahren und Prozesse definiert, um Veränderungen zu identifizieren, zu priorisieren, zu kommunizieren und erfolgreich umzusetzen. Das Change-Management ermöglicht es dem Unternehmen, Veränderungen gezielt zu steuern und mögliche Risiken und Störungen zu minimieren. Die Anpassungsfähigkeit des Unternehmens wird durch die IT-Strategie gestärkt, indem sie eine Kultur des Wandels und der Innovation fördert. Die IT-Strategie kann den Rahmen für ein agiles Unternehmen schaffen, das in der Lage ist, sich schnell an neue Gegebenheiten anzupassen und innovative Lösungen zu entwickeln. Eine hohe Anpassungsfähigkeit ist entscheidend, um mit den sich stetig verändernden Anforderungen des Marktes Schritt zu halten. Unternehmen, die flexibel und schnell auf neue Technologien, Kundenbedürfnisse oder regulatorische Anforderungen reagieren können, haben einen Wettbewerbsvorteil gegenüber träge agierenden Konkurrenten.

IT-Strategie als Planungstool in einer sich schnell digitalisierenden Welt:

Die IT-Strategie als Planungstool ermöglicht es Unternehmen, mittel- und langfristige Ziele zu setzen und die notwendigen Maßnahmen in der IT-Abteilung zu planen, um diese Ziele zu erreichen. Angesichts der sich ständig verändernden Umwelt[33], in der Technologien, Marktbedingungen und Kundenanforderungen kontinuierlich im Wandel sind, ist

[33] Vgl. Moneta/Sinclair (2020)

eine regelmäßige Überarbeitung der IT-Strategie unerlässlich. Durch die Integration von aktuellen Technologietrends und Marktentwicklungen in die IT-Strategie kann das Unternehmen proaktiv auf Veränderungen reagieren und Chancen nutzen. Eine angemessene Analyse der externen Faktoren hilft dabei (u.a. neue Technologien, Krisen), die richtigen strategischen Entscheidungen zu treffen und IT-Projekte entsprechend auszurichten. Die regelmäßige Überarbeitung der IT-Strategie ermöglicht es Unternehmen auch, ihre internen Ressourcen optimal zu nutzen. Durch die kontinuierliche Evaluierung der bestehenden IT-Infrastruktur, der Systeme und Prozesse können Schwachstellen identifiziert und reduziert werden. Eine dynamische und anpassungsfähige IT-Strategie stellt sicher, dass das Unternehmen seine internen Ressourcen optimal einsetzt und sich den Veränderungen anpassen kann. Zusätzlich ermöglicht eine angemessene IT-Strategie eine effektive Ressourcenplanung und Budgetierung. Durch die langfristige Planung der IT-Investitionen können Unternehmen ihre finanziellen Mittel gezielt einsetzen und sicherstellen, dass sie den größtmöglichen Nutzen aus ihren IT-Ausgaben erzielen.

Festgeschriebene Ziele schaffen Sicherheit für die Stakeholder:

Die Festlegung klarer Ziele und Maßnahmen in einer IT-Strategie bietet nicht nur Sicherheit für die beteiligten Mitarbeiter und Teams, sondern sie schafft auch eine solide Grundlage für eine effektive Arbeitsumgebung. Indem die Ziele in der IT-Strategie festgeschrieben sind, wird eine klare Ausrichtung und eine gemeinsame Vision für die IT geschaffen, an der sich alle orientieren können. Klare Ziele in der IT-Strategie fördern eine verstärkte Zusammenarbeit und den Fokus auf gemeinsame Ziele (auch in anderen Geschäftsbereichen). Dadurch entsteht ein Gefühl der Klarheit und des Zwecks, was zu einer erhöhten Effizienz und Produktivität führen kann. Jeder Mitarbeiter kann seine Aufgaben und Verantwortlichkeiten besser verstehen und darauf hinarbeiten, die Ziele der IT-Strategie zu verwirklichen. Die Festlegung von Zielen in der IT-Strategie schafft auch Vertrauen und Sicherheit für die einzelnen Mitarbeiter. Sie wissen, welche Ergebnisse von ihnen erwartet werden und wie sie dazu beitragen können. Dies fördert Eigenverantwortung und Motivation, da die Mitarbeiter ihre individuellen Beiträge zur Erreichung der gemeinsamen Ziele erkennen. Darüber hinaus bietet die Festlegung von Zielen in der IT-Strategie eine Grundlage für die Leistungsbewertung und Anerkennung der Mitarbeiter. Die Ergebnisse können gemessen und bewertet werden, und die Mitarbeiter können entsprechend ihrer Leistung und ihrem Beitrag anerkannt werden. Dies schafft eine gerechte und transparente Arbeitsumgebung, in der die Mitarbeiter motiviert sind, ihr Bestes zu geben und zur Erreichung der strategischen Ziele beizutragen.

Förderung von (IT-)Projektmanagement:

Eine gut definierte IT-Strategie geht über die einfache Festlegung von Prioritäten und Zielen hinaus, um die Motivation der Mitarbeiter zu steigern und die erfolgreiche Umsetzung von IT-Projekten zu fördern. Durch die klare Ausrichtung der Projektarbeit auf die strategischen Ziele schafft die IT-Strategie eine Verbindung zwischen den individuellen Aufgaben der Mitarbeiter und dem Gesamterfolg des Unternehmens. Indem Mitarbeiter verstehen, welche Projekte von hoher Relevanz sind und wie diese zur Erreichung der strategischen Ziele beitragen, steigt die Motivation die Projekte im vorgesehenen Zeitraum umzusetzen. Sie erkennen den direkten Einfluss ihrer Arbeit auf den Erfolg des Unternehmens und die Wertschöpfung, die durch die Umsetzung von IT-Projekten erzielt wird. Diese Wahrnehmung steigert die intrinsische Motivation der Mitarbeiter und kann zu einer höheren Arbeitszufriedenheit führen.

Die IT-Strategie bietet auch einen Rahmen für eine effektive Ressourcenallokation in den einzelnen Projekten. Da die Ressourcen oft begrenzt sind, stellt die IT-Strategie sicher, dass sie effektiv eingesetzt werden, um die wichtigsten Projekte voranzutreiben und einen maximalen Mehrwert zu erzielen. Dies fördert Effizienz und Produktivität der Mitarbeiter, da sie ihre Ressourcen gezielt auf die Projekte konzentrieren können, die den größten Einfluss auf den Unternehmenserfolg haben.

Darüber hinaus trägt eine angemessen definierte IT-Strategie zur Schaffung eines gemeinsamen Verständnisses des Projektes bei und fördert die Zusammenarbeit zwischen den verschiedenen Abteilungen und Teams. Durch die vernetzte Position der IT im Unternehmen, kann diese gemeinsame Ziele verschiedener Abteilungen erkennen und kann so beispielsweise statt einzelner Lösungen gemeinsame Lösungen vorschlagen. Die klaren Prioritäten und Ziele erleichtern die Kommunikation und Koordination bei der Umsetzung von IT-Projekten. Die Mitarbeiter können effektiv zusammenarbeiten, um Hindernisse zu überwinden, Synergien zu nutzen und gemeinsame Erfolge zu erzielen. [34]

Verbesserung der Akzeptanz von IT im Unternehmen – IT als wertschöpfender Bestandteil im Unternehmen anstatt Kostenfaktor:

Eine gut entwickelte IT-Strategie geht über die rein technische Sichtweise der IT hinaus und legt den Fokus auf ihre Rolle als wertschöpfenden Bestandteil des Unternehmens. Sie hebt hervor, dass die IT nicht lediglich Kosten verursacht, sondern aktiv zur Wertschöpfung beiträgt und die Erreichung der Unternehmensziele direkt unterstützt. Indem die IT-Strategie eine klare Verknüpfung zwischen den IT-Aktivitäten und den übergeordneten unternehmerischen Zielen herstellt, wird die Akzeptanz hinsichtlich der IT-Strategie im Unternehmen gestärkt. Die Mitarbeiter erkennen, dass die IT einen signifikanten Einfluss auf den Erfolg des Unternehmens hat und dass ihre eigenen Aufgaben und Projekte, die durch die IT-Strategie vorgegeben werden, einen Mehrwert schaffen. Diese Wahrnehmung fördert eine positive Einstellung gegenüber der IT (sowie IT-Strategie) und schafft eine gemeinsame Basis für die Zusammenarbeit zwischen IT und anderen Abteilungen. Deswegen ist die Verknüpfung der in der IT-Strategie definierten Kennzahlen mit den Unternehmenszielen oder Zielen anderer Abteilungen besonders wichtig.[35] Durch die Positionierung der IT als wertschöpfenden Bestandteil des Unternehmens wird auch das Verständnis für die Bedeutung der IT verbessert. Die Mitarbeiter erkennen, dass die IT nicht nur technische Dienstleistungen erbringt und ein Hilfsmittel ist, sondern auch u.a. zur Steigerung der Effizienz, Verbesserung der Kundenerfahrungen und Identifizierung neuer Geschäftschancen beiträgt. Die IT wird als Partner angesehen, der innovative Lösungen bereitstellt und die digitale Transformation des Unternehmens vorantreibt. Die IT wird frühzeitig in strategische Diskussionen und bereichsspezifischer Planungen einbezogen, um sicherzustellen, dass ihre Perspektive und Expertise berücksichtigt werden. Dies schafft eine ganzheitliche Unternehmenssicht, in der die IT als gleichwertiger Stakeholder wahrgenommen wird. Eine gut implementierte IT-Strategie, die die Akzeptanz

[34] Vgl. High (2014), S. 20
[35] Vgl. High (2014), S. 45

der IT als wertschöpfenden Bestandteil des Unternehmens fördert, trägt zur Schaffung einer positiven Unternehmenskultur bei. Die Zusammenarbeit zwischen IT und anderen Abteilungen wird verbessert, da die gemeinsamen Ziele und der gegenseitige Nutzen klar bestimmt sind. Es entsteht eine Kultur des Vertrauens und der Zusammenarbeit, in der die IT als Partner anerkannt wird und die Mitarbeiter bereit sind, ihre Expertise einzubringen und IT-Initiativen zu unterstützen.

3.3.3 Bedeutung der IT-Strategie für Wirtschaftsprüfer

Die Bedeutung der IT-Strategie für Wirtschaftsprüfer ist groß, da sie einen direkten Einfluss auf die Prüfung von IT-Systemen und -Prozessen in Unternehmen hat. In einer zunehmend digitalisierten Geschäftswelt ist es unerlässlich, dass Wirtschaftsprüfer die IT-Strategie eines Unternehmens verstehen und bewerten können, um die Zuverlässigkeit und Integrität der Finanzberichterstattung sicherzustellen. Die IT-Strategie legt die Grundlagen für die IT-Infrastruktur, -Governance und -Sicherheit fest und beeinflusst somit direkt die Effektivität der internen Kontrollen und die Qualität der Datenverarbeitung. Durch eine fundierte Kenntnis der IT-Strategie können Wirtschaftsprüfer Risiken identifizieren, Prüfungsstrategien entwickeln und angemessene Prüfungsnachweise sammeln. Dieses Kapitel wird die Bedeutung der IT-Strategie für Wirtschaftsprüfer genauer beleuchten und aufzeigen, welche Rolle sie bei der Prüfung und Beurteilung der IT-Komponenten eines Unternehmens spielt.

Prüfungsgegenstand bei der Prüfung des Status quo des Unternehmens:

Die IT-Strategie ermöglicht Wirtschaftsprüfern eine fundierte Bewertung des Status quo der IT im Unternehmen. Sie liefert Informationen über die aktuelle IT-Landschaft, einschließlich Hard- und Softwarekomponenten, Netzwerkinfrastruktur und Datenbanken. Wirtschaftsprüfer können anhand dieser Informationen feststellen, ob die vorhandenen IT-Ressourcen den Geschäftsanforderungen gerecht werden und effizient eingesetzt werden. Die IT-Strategie gibt auch Einsicht in IT-Prozesse und -Workflows im Unternehmen. Sie zeigt auf, wie Daten und Informationen innerhalb der IT-Systeme fließen, wie die IT-Sicherheit gewährleistet wird und wie die Wartung und der Betrieb der Systeme organisiert sind. Diese Informationen ermöglichen Wirtschaftsprüfern, die Effektivität und Effizienz der aktuellen IT-Prozesse zu bewerten und mögliche Verbesserungspotenziale aufzudecken. Zusätzlich zur technischen Infrastruktur und den Prozessen ermöglicht die IT-Strategie Wirtschaftsprüfern auch einen Einblick in die Integration der IT in die Geschäftsprozesse des Unternehmens. Sie zeigt auf, wie die IT-Systeme und -Anwendungen in die operativen Abläufe eingebunden sind und wie sie zur Wertschöpfung des Unternehmens beitragen. Wirtschaftsprüfer können anhand dieser Informationen beurteilen, ob die IT effektiv in die Unternehmensprozesse integriert ist und den Geschäftsanforderungen entspricht. Der Einblick in den aktuellen Status quo der IT ist für Wirtschaftsprüfer von großer Bedeutung, da er ihnen ermöglicht, eine fundierte Risikobewertung durchzuführen. Sie können potenzielle Schwachstellen oder Engpässe in der IT-Infrastruktur identifizieren, die die Zuverlässigkeit der Finanzberichterstattung beeinträchtigen könnten. Darüber hinaus können sie die Einhaltung von gesetzlichen Vorschriften und internen Richtlinien bewerten. Die Kenntnis des aktuellen Status quo der IT bildet somit die Grundlage für die weiteren Prüfungshandlungen des Wirtschaftsprüfers im Hinblick auf die IT-Systeme und -Prozesse im Unternehmen.

Hinweise auf die zukünftige Entwicklung des Unternehmens:

Die IT-Strategie bietet Wirtschaftsprüfern einen Einblick in die zukünftige Entwicklung des Unternehmens im Hinblick auf die IT. Sie zeigt auf, welche Pläne und Visionen das Unternehmen hat und welche Veränderungen in Bezug auf IT-Infrastruktur und -Prozesse geplant sind. Diese Informationen sind für Wirtschaftsprüfer von großer Bedeutung, da sie ihnen helfen, die langfristige Ausrichtung des Unternehmens zu verstehen und die Auswirkungen auf die Prüfung der IT zu bewerten. Eine wichtige Frage, die Wirtschaftsprüfer im Zusammenhang mit der zukünftigen Entwicklung des Unternehmens stellen, ist die Entscheidung für Outsourcing oder den Aufbau einer eigenen IT-Abteilung. Die IT-Strategie liefert Hinweise darauf, ob das Unternehmen beabsichtigt, bestimmte IT-Funktionen an externe Dienstleister auszulagern oder ob es plant, eine interne IT-Abteilung aufzubauen. Diese Entscheidungen können erhebliche Auswirkungen auf die Prüfung der IT haben, da sie die Art und Weise beeinflussen, wie IT-Services bereitgestellt und kontrolliert werden.

Darüber hinaus gibt die IT-Strategie Hinweise auf geplante technologische Entwicklungen und Innovationen im Unternehmen. Dies kann den Einsatz neuer Technologien, die Implementierung von Cloud-Lösungen oder die Einführung von Automatisierungstechnologien umfassen. Wirtschaftsprüfer müssen die Auswirkungen dieser geplanten Entwicklungen auf die IT-Kontrollumgebung und die Finanzberichterstattung bewerten. Die Kenntnis der zukünftigen Entwicklung des Unternehmens ermöglicht es Wirtschaftsprüfern, ihre Prüfungsschwerpunkte entsprechend anzupassen. Sie können die geplanten Veränderungen in der IT berücksichtigen und sicherstellen, dass die erforderlichen Kontrollen und Prüfungsverfahren implementiert werden, um die Integrität der IT-Systeme und -Prozesse sicherzustellen. Dies hilft Wirtschaftsprüfern, die relevanten Risiken zu identifizieren und angemessene Prüfungsnachweise zu sammeln, um die Zuverlässigkeit der Finanzberichterstattung zu gewährleisten.

Verbindung zur Unternehmensstrategie:

Die enge Verbindung zwischen der IT-Strategie und der Unternehmensstrategie ist für Wirtschaftsprüfer von großer Bedeutung. Die IT-Strategie zeigt auf, wie die IT-Funktion des Unternehmens die übergeordneten Unternehmensziele unterstützt und einen Mehrwert schafft. Sie verdeutlicht, wie die IT dazu beiträgt, Wettbewerbsvorteile zu erlangen und strategische Ziele zu erreichen. Durch die Kenntnis der IT-Strategie können Wirtschaftsprüfer die Ausrichtung der IT auf die Unternehmensstrategie bewerten. Sie können prüfen, ob die IT-Initiativen und -Projekte des Unternehmens im Einklang mit den strategischen Zielen stehen und ob die IT die erforderlichen Ressourcen und Kompetenzen besitzt, um diese Ziele zu unterstützen. Dies ermöglicht es den Wirtschaftsprüfern, die Relevanz und Effektivität der IT im Hinblick auf die Unternehmensstrategie zu beurteilen.

Darüber hinaus hilft die Verbindung zwischen der IT-Strategie und der Unternehmensstrategie den Wirtschaftsprüfern, die Prüfungshandlungen abzuleiten. Sie können prüfen, ob die IT-Systeme und -Prozesse die Umsetzung der Unternehmensstrategie unterstützen und ob die relevanten Kontrollen vorhanden sind, um die Integrität der Finanzberichterstattung zu gewährleisten. Dies ermöglicht es den Wirtschaftsprüfern, ihre Prüfungsressourcen gezielt auf diejenigen Bereiche zu konzentrieren, die einen direkten Einfluss auf die Erreichung der Unternehmensziele haben.

Hinweise auf Einhaltung der (IT-)Compliance:

Die IT-Strategie liefert Wirtschaftsprüfern wertvolle Hinweise auf die Ausstattungsstandards und Compliance-Richtlinien, denen das Unternehmen folgt. Indem sie auf Standards wie ISO-Normen oder das COBIT-Framework verweist, gibt die IT-Strategie eine klare Richtlinie vor, an der sich das Unternehmen bei der Planung, Implementierung und dem Betrieb seiner IT-Systeme und -Infrastruktur orientiert.

Für Wirtschaftsprüfer sind diese Informationen von großer Bedeutung, da sie ihnen ermöglichen, die Einhaltung dieser Standards und Frameworks zu überprüfen. Sie können die Implementierung der erforderlichen Kontrollen und Sicherheitsmaßnahmen bewerten, um sicherzustellen, dass das Unternehmen den bestehenden Ausstattungsstandards entspricht. Dies umfasst beispielsweise die Überprüfung der Netzwerksicherheit, der Zugriffskontrollen, der Datensicherung und anderer relevanter Aspekte der IT-Sicherheit. Die Einhaltung der Ausstattungsstandards und Compliance-Richtlinien ist für Unternehmen von großer Bedeutung, da sie sicherstellt, dass die IT-Systeme und -Prozesse angemessen geschützt sind und den geltenden rechtlichen Anforderungen entsprechen. Wirtschaftsprüfer spielen hierbei eine wichtige Rolle, indem sie die Umsetzung und Wirksamkeit der Kontrollen und Maßnahmen überprüfen und sicherstellen, dass das Unternehmen die erforderlichen Compliance-Anforderungen erfüllt. Darüber hinaus ermöglicht die Kenntnis der Ausstattungsstandards und Compliance-Richtlinien Wirtschaftsprüfern auch, Risiken und Schwachstellen in Bezug auf die IT-Sicherheit und den Datenschutz zu identifizieren. Sie können gezielt Prüfungshandlungen durchführen, um sicherzustellen, dass angemessene Sicherheitsvorkehrungen getroffen wurden, um die Vertraulichkeit, Integrität und Verfügbarkeit der IT-Systeme und -Daten zu gewährleisten. Die IT-Strategie bietet somit eine wichtige Grundlage für Wirtschaftsprüfer, um die Ausstattungsstandards und Compliance des Unternehmens im Bereich der IT zu bewerten. Sie ermöglicht es den Wirtschaftsprüfern, die Implementierung angemessener Kontrollen und Sicherheitsmaßnahmen, um zu überprüfen und sicherzustellen, dass das Unternehmen den geltenden Standards und Vorschriften entspricht. Dies trägt zur Stärkung der Vertrauenswürdigkeit der IT-Systeme und -Prozesse bei und unterstützt die Sicherstellung einer rechtskonformen und sicheren IT-Umgebung im Unternehmen.

Identifikation von Risiken und internen Kontrollen:

Die IT-Strategie spielt eine wesentliche Rolle bei der Identifizierung potenzieller Risiken und Herausforderungen im Zusammenhang mit der IT. Sie ermöglicht es Wirtschaftsprüfern, frühzeitig auf Risiken aufmerksam zu werden und geeignete Prüfungsansätze und -verfahren zu entwickeln, um diese Risiken zu bewerten und zu überwachen. Durch die Analyse der IT-Strategie können Wirtschaftsprüfer Risiken im Zusammenhang mit der IT-Infrastruktur, den IT-Systemen und den IT-Prozessen des Unternehmens identifizieren. Dazu gehören beispielsweise Sicherheitsrisiken, wie unzureichende Zugriffskontrollen oder Schwachstellen in den Netzwerken, sowie betriebliche Risiken, wie Ausfallzeiten oder mangelnde Wartung der IT-Systeme.

Die Kenntnis der Risiken ermöglicht es Wirtschaftsprüfern, geeignete Prüfungsansätze und -verfahren zu entwickeln, um diese Risiken zu bewerten und zu überwachen. Dies kann beispielsweise die Durchführung von IT-Sicherheitsaudits, Penetrationstests oder Überprüfungen der IT-Kontrollen umfassen. Durch diese Prüfungsmaßnahmen können Schwachstellen und Risiken aufgedeckt werden, um geeignete Gegenmaßnahmen zu ergreifen und die IT-Sicherheit und -Stabilität zu gewährleisten. Darüber hinaus hilft die IT-Strategie Wirtschaftsprüfern auch dabei, die Wirksamkeit der internen Kontrollen im IT-Bereich zu beurteilen. Sie können die implementierten Kontrollen und Sicherheitsmaßnahmen bewerten, um sicherzustellen, dass sie den Risiken angemessen begegnen und die Integrität der IT-Systeme und -Prozesse gewährleisten. Die Einbeziehung potenzieller Risiken und Herausforderungen in die Prüfung der IT ermöglicht es Wirtschaftsprüfern, eine umfassende Bewertung der IT-Risiken vorzunehmen und die Angemessenheit der vorhandenen Kontrollen und Maßnahmen zu überprüfen. Dies trägt dazu bei, dass potenzielle Risiken frühzeitig erkannt und angemessene Gegenmaßnahmen ergriffen werden, um die IT-Sicherheit und -Stabilität zu gewährleisten und mögliche negative Auswirkungen auf das Unternehmen zu minimieren.

Planungstool für die Prüfung:

Die IT-Strategie erfüllt eine entscheidende Funktion als Planungstool für Wirtschaftsprüfer bei der Durchführung ihrer Prüfungshandlungen. Sie liefert wichtige Hinweise darauf, welche Bereiche der IT genauer untersucht werden sollten und welche Aspekte besonders relevant sind. Diese Informationen ermöglichen es den Wirtschaftsprüfern, ihre Prüfung effizient zu planen und gezielt diejenigen Bereiche zu überprüfen, die einen signifikanten Einfluss auf die Zuverlässigkeit der IT-Systeme und -Prozesse haben. Durch die Analyse der IT-Strategie können Wirtschaftsprüfer die Schwerpunkte ihrer Prüfung bestimmen und die erforderlichen Prüfungshandlungen ableiten. Sie können sich auf diejenigen Bereiche konzentrieren, in denen potenzielle Risiken identifiziert wurden oder in denen eine hohe Relevanz für die Geschäftsprozesse besteht. Dies erlaubt es den Wirtschaftsprüfern, Ressourcen und Prüfungszeit effizient einzusetzen und die Wirksamkeit der IT-Kontrollen und -Prozesse gezielt zu überprüfen. Darüber hinaus hilft die IT-Strategie Wirtschaftsprüfern dabei, den Umfang ihrer Prüfungstätigkeiten festzulegen. Sie dient als Leitfaden, um sicherzustellen, dass alle wesentlichen Aspekte der IT abgedeckt werden und keine relevanten Bereiche vernachlässigt werden. Die IT-Strategie ermöglicht es den Wirtschaftsprüfern, einen umfassenden Überblick über die IT-Landschaft des Unternehmens zu gewinnen und diejenigen Bereiche zu identifizieren, die weitergehende Prüfungsmaßnahmen erfordern.

Praxistipp:
Bedeutung der IT-Strategie im Unternehmen verdeutlichen

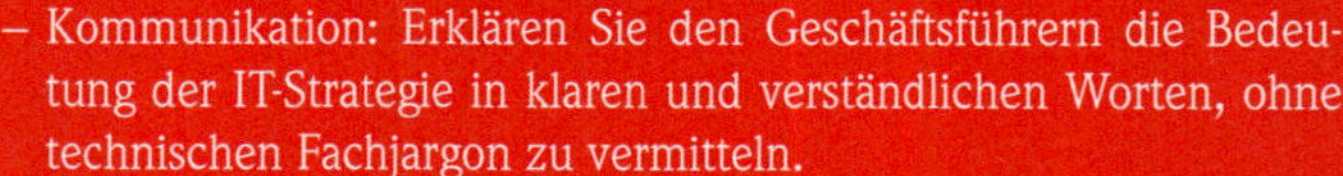

- Kommunikation: Erklären Sie den Geschäftsführern die Bedeutung der IT-Strategie in klaren und verständlichen Worten, ohne technischen Fachjargon zu vermitteln.
- Geschäftsbezogene Argumentation: Betonen Sie die direkte Verbindung zwischen der IT-Strategie und den geschäftlichen Zielen und wie sie zum Erfolg des Unternehmens beiträgt.
- Kundenerfahrungen: Zeigen Sie auf, wie die IT-Strategie dazu beiträgt, bessere Kundenerfahrungen zu ermöglichen und das Unternehmen wettbewerbsfähiger zu machen.
- Risikominderung: Verdeutlichen Sie, wie die IT-Strategie dazu beiträgt, Risiken im Zusammenhang mit IT-Systemen, Datenschutz und Sicherheit zu identifizieren und zu minimieren.
- Effizienzsteigerung: Betonen Sie, wie die IT-Strategie dazu beiträgt, die Effizienz von Geschäftsprozessen durch den Einsatz geeigneter Technologien und Systeme zu verbessern.

- Kosten-Nutzen-Analyse: Zeigen Sie auf, wie die IT-Strategie langfristig Kosten einsparen und gleichzeitig den Nutzen für das Unternehmen steigern kann.
- Best Practices: Verweisen Sie auf bewährte Methoden und Standards wie ISO-Normen und COBIT, um den Geschäftsführern zu veranschaulichen, dass die IT-Strategie auf anerkannten Vorgehensweisen basiert.
- Risiken ignorieren: Sprechen Sie über die Risiken und Herausforderungen, denen Unternehmen ohne eine gut durchdachte IT-Strategie ausgesetzt sind, um das Bewusstsein für die potenziellen negativen Auswirkungen zu schärfen.
- Erfolgsbeispiele: Präsentieren Sie Fallstudien oder Beispiele von anderen Unternehmen, die von einer klaren und wirksamen IT-Strategie profitiert haben, um die Geschäftsführer zu überzeugen.
- Verantwortungsbewusstsein: Erklären Sie, wie eine gut durchdachte IT-Strategie die Verantwortung für IT-Entscheidungen und Investitionen im Unternehmen klar definiert und zu einer effektiven IT-Governance beiträgt.

3.4 Gesetzliche und regulatorische Anforderungen an die IT-Strategie

In einer immer stärker digitalisierten Geschäftswelt gewinnt die richtige Ausrichtung der IT-Strategie an Bedeutung, um den gesetzlichen Vorgaben und branchenspezifischen Anforderungen gerecht zu werden. Diese Anforderungen haben nicht nur Auswirkungen auf die interne IT-Struktur und IT-Prozesse, sondern beeinflussen auch die Art und Weise, wie Unternehmen ihre Geschäftsziele erreichen und ihre Dienstleistungen anbieten.

Das Verständnis der rechtlichen Rahmenbedingungen und behördlichen Auflagen, die die IT-Strategie beeinflussen, ist unerlässlich, um Risiken zu minimieren, die Compliance sicherzustellen und das Vertrauen von Kunden und Partnern zu wahren. Dieses Kapitel beleuchtet die vielfältigen rechtlichen Aspekte, die bei der Gestaltung und Umsetzung einer wirksamen IT-Strategie berücksichtigt werden müssen.

Im Folgenden wurde eine Übersicht der wesentlichen Anforderungen an die IT-Strategie zusammengestellt.[36]

Quelle der Vorgaben[37]		Abgeleitete Anforderungen an die IT-Strategie
Rechtliche Vorgaben (Gesetzliche bzw. behördliche Vorgaben)	Handels- und Gesellschaftsrecht (u.a. HGB, AktG, EHUG, UMAG, KonTraG, GmbHG)	**Formale Anforderungen:** – Indirekte Forderung über die Sorgfalt eines ordentlichen und gewissenhaften Geschäftsleiters/-führers (u.a. Kontrollanforderung) **Inhaltliche Anforderungen** – Anforderungen an die IT (u.a. Archivierung)
	Steuerrecht (u.a. AO, UStG, KStG, GewStG, EStG)	**Inhaltliche Anforderungen:** – Anforderungen an die IT (u.a. Aufbewahrungspflichten, elektronische Rechnungen, Aufzeichnungspflichten)
	Datenschutz (u.a. DS-GVO, BDSG, TMG, TKG)	**Inhaltliche Anforderung:** – Erstellung technischer und organisatorischer Maßnahmen
	Sonstige Gesetze, Richtlinien und Verordnungen (u.a. BetrV, UWG, GWB, SGB, SRVwV, BGB, VwVfG, StGB, IT-NetzG, IWG, BSIG, BSI-KritisVO)	**Inhaltliche Anforderung:** – Anforderungen an die IT (u.a. Verwendung von IT-Systemen, Datensicherheit, elektronische Kommunikation, IT-Sicherheit/Informationssicherheit)
	Sonstige Verwaltungsvorschriften (u.a. BITV 2.0, EVB-IT)	**Inhaltliche Anforderung:** – Anforderungen an die IT (u.a. Verwendung von IT-Systemen und Diensten, Datensicherheit, IT-Qualität, Sicherheit und Gewährleistung von IT-Produkten und -Dienstleistungen)
	Verträge	**Inhaltliche Anforderung:** – Anforderungen an die IT (u.a. Lizensierungen, Entwicklung und Betrieb, IT-Servicelevels, Cloud-Anwendungen, Verarbeitung von Daten)

[36] Es wird darauf hingewiesen, dass es den Autoren nicht möglich war, alle Anforderungen hier aufzulisten. Es ist möglich, dass es noch weitere Anforderungen gibt, die formelle und inhaltliche Anforderungen an die IT-Strategie stellen können. Es ist wichtig zu beachten, dass die spezifischen Gesetze und Anforderungen je nach Land und Jurisdiktion auch variieren können.

[37] Vgl. Klotz (2009), S. 4

Quelle der Vorgaben[37]		Abgeleitete Anforderungen an die IT-Strategie
Unter-nehmens-externe Regelwerke (insbes. Selbst-regulierung/ Good Practice)	Internationale (fachspezifische) Normungen (u.a. ISO/IEC Normungen, BAIT, VAIT)	**Formale Anforderungen** – Ableitung der IT-Strategie von der Unternehmensstrategie – Mittel- bis langfristige Orientierung der Planung – Offizielle Genehmigung der IT-Strategie durch Unternehmensleitung – Regelm. Aktualisierung der IT-Strategie – Kommunikation der IT-Strategie mit den notwendigen Stakeholdern **Inhaltliche Anforderungen** – Anforderungen an die IT (u.a. Informationssicherheit, IT-Regelungen, IT-Systeme und IT-Prozesse, Compliance Management-systeme)
	IT-spezifische Branchenstandards (u.a. BSI IT-Grundschutz-Kompendium, Leitfaden IT-Sicherheit des BSI)	**Inhaltliche Anforderungen** – Anforderungen an die IT (u.a. Physische Sicherheit, IT-System-Management; Netzwerksicherheit; Systemsicherheit, Kryptographie, Notfallmanagement, Sicherheit bei der Softwareentwicklung)
	Verbandsstandards (u.a. IDW Prüfungsstandards, IDW Prüfungshinweise, Prüfungsstandards des ISACA, COBIT)	**Inhaltliche Anforderungen** – Darstellung des IT-Umfelds (externe Beeinflussungen) – Darstellung des IT-Risikoumfelds – Inklusion von betroffenen Gesetzen und Regulatorik – Wesentliche Ziele, Projekte und zugehörige Maßnahmen und Ressourcen für die IT – Sicherheitskonzept zur IT – IT-Kosten und Investitionen – Interdependenzen der IT zu anderen Bereichen des Unternehmens (bspw. geplante Restrukturierungsmaßnahmen) – Ambitionsniveaus in Bezug auf die Digitalisierung – Leistung der aktuellen IT-Dienste und Entwicklung eines Verständnisses der aktuellen Geschäfts- und IT-Fähigkeiten (sowohl intern als auch extern) – Hinweise zum digitalen Reifegrad des Unternehmens – Definition der angestrebten IT-Produkte und -Dienste sowie der erforderlichen Fähigkeiten

Quelle der Vorgaben[37]		Abgeleitete Anforderungen an die IT-Strategie
		– Gap-Analyse in der aktuellen und der Zielumgebung und Beschreibung der Änderungen – Klare Roadmap der Ziele
	GoBD	**Inhaltliche Anforderungen** – Anforderungen an die IT (u.a. Archivierung und Aufbewahrung, Revisionssicherheit, Dokumentationspflichten, Datenzugriff und -verfügbarkeit), welche auf die inhaltliche Ausgestaltung der IT-Strategie Auswirkungen haben können
Unternehmensinterne Regelwerke (Sonstige Vorgaben)	Unternehmensspezifische inhaltliche Anforderungen an die IT und somit die IT-Strategie	Verweis auf die IT-Strategie und Ableitung von Anforderungen in u.a. – Unternehmensstrategie und -ziele – Budgetplanung und Ressourcen – Unternehmenskultur(-leitlinie) – Compliance(-leitlinie) – Risikomanagement – Geschäftsprozesse – Innovationsbestrebungen – Stakeholderbedürfnisse – Personalentwicklung – Energie- und Umweltziele – Change-Management

Tab. 3.1 Abgeleitete Anforderungen an die IT-Strategie aus nationalen und internationalen Vorgaben im Umfeld der IT-Compliance

Zusammenfassend zeigt die Tabelle die komplexe Landschaft der gesetzlichen und regulatorischen Anforderungen an die IT-Strategie. Es wird deutlich, dass es nicht die eine Vorgabe und auch keine einheitlichen Vorgaben gibt, die sämtliche Aspekte einer IT-Strategie formell und inhaltlich definieren. Die gesetzlichen und regulatorischen Rahmenbedingungen variieren je nach Branche, Region und Geschäftsumfeld, und sie berühren vielfältige Facetten der IT, von IT-Infrastruktur über Softwaresicherheit bis hin zur Compliance der verwendeten Daten.[38]

[38] Die IT-Strategie steht vor ähnlichen Herausforderungen wie andere Bereiche der IT-Compliance. Hier zeigt sich ein vielschichtiges Bild von Vorgaben, die oft uneinheitlich und nicht klar definiert sind. Die IT-bezogenen Anforderungen sind in einer Vielzahl unterschiedlicher Gesetze und Vorschriften verstreut, was es Unternehmen erschwert, alle Vorgaben in korrekter Weise umzusetzen.

Während viele Gesetze und Regelungen IT-bezogene Themen ansprechen, beinhalten sie oft nicht explizit die Formulierung einer IT-Strategie. Stattdessen legen sie Anforderungen an Sicherheit, Datenschutz, Governance und andere relevante Bereiche fest, die jedoch entscheidenden Einfluss auf die Ausgestaltung einer IT-Strategie haben können, um die Anforderungen im Unternehmen angemessen umsetzen zu können.

Die Wichtigkeit eines individuellen Ansatzes wird deutlich. Unternehmen sollten die spezifischen Gesetze und die Regulatorik analysieren, die für ihre Branche und ihren Standort gelten. Dabei sollten sie nicht nur die direkten Vorgaben beachten, sondern auch weitere Themen extrahieren, die indirekt für Ihre IT und somit die IT-Strategie relevant sein könnten. Eine gründliche Analyse ermöglicht es, einen umfassenden Überblick über die Anforderungen zu gewinnen und sicherzustellen, dass die IT-Strategie sowohl rechtliche/regulatorische Anforderungen erfüllt, als auch den geschäftlichen Erfolg unterstützt.

Praxistipp:
Mögliches Vorgehen bei der Identifikation von gesetzlichen und regulatorischen Vorgaben

Bei der Prüfung der gesetzlichen und regulatorischen Anforderungen an die IT-Strategie ist es entscheidend, die vielschichtige, sehr heterogene Landschaft zu berücksichtigen. Tabelle 3.1 verdeutlicht, dass es keine allgemeingültigen Vorgaben für eine IT-Strategie gibt. Betrachten Sie branchen- und regionsbezogene rechtliche Rahmenbedingungen sowie deren Auswirkungen auf u.a. Datenschutz, Sicherheit und Compliance. Fokussieren Sie sich darauf, wie diese Gesetze indirekt die IT-Strategie beeinflussen, und empfehlen Sie dem Unternehmen, einen maßgeschneiderten Ansatz zu wählen. Eine sorgfältige Analyse ermöglicht eine umfassende Einhaltung der Anforderungen und stärkt die strategische Ausrichtung der IT.

1. **Sammlung relevanter Informationen:** Verschaffen Sie sich Zugang zu relevanten Unternehmensdokumenten wie Organisationsstrukturen, Geschäftsaktivitäten, Produkt- und Dienstleistungsbeschreibungen, Richtlinien, Verfahrenshandbüchern, Prozessschaubilder, Vertriebsmaterialien, Leitlinien, Anwenderhandbücher usw.

2. **Branchenrecherche und regionale Regulatorik:** Führen Sie eine umfassende Recherche durch, um die relevanten Branchenregulierungen und -gesetze sowie länderspezifischen Regelungen zu identifizieren, die auf die Geschäftstätigkeiten des Unternehmens zutreffen könnten. Dies kann sowohl nationale als auch internationale Regelwerke umfassen, abhängig von den Geschäftsbereichen, in denen das Unternehmen aktiv ist.
3. **Regulatorische Datenbanken und Quellen nutzen:** Nutzen Sie spezialisierte Datenbanken, juristische Ressourcen, offizielle Regierungswebsites und Branchenverbände, um auf aktuelle Gesetze, Verordnungen und Normen zuzugreifen.
4. **Identifikation von Schlüsselbereichen:** Identifizieren Sie die Schlüsselbereiche, in denen Gesetze und Regulatorik besonders relevant sind. Dies könnte u.a. Datenschutz, Arbeitssicherheit, Umweltschutz, Qualitätsmanagement, Cybersicherheit umfassen.
5. **Zusammenarbeit mit internen Fachexperten:** Arbeiten Sie mit internen Fachexperten zusammen, um eine fundierte Einschätzung darüber zu erhalten, welche Gesetze und welche Regulatorik für die jeweiligen Geschäftsbereiche relevant sind.
6. **Gesetze, Regulatorik und Normen sammeln:** Sammeln Sie die identifizierten Gesetze, Verordnungen und Normen, die auf die Schlüsselbereiche zutreffen. Stellen Sie sicher, dass Sie die aktuellen Versionen verwenden.[39]

In Anbetracht der ständigen Weiterentwicklung der Gesetze und der fortschreitenden Digitalisierung ist es von entscheidender Bedeutung, dass Unternehmen flexibel bleiben und ihre IT-Strategie regelmäßig anpassen, um mit den sich verändernden rechtlichen und regulatorischen Anforderungen Schritt zu halten. Letztlich bildet die sorgfältige Berücksichtigung der gesetzlichen und regulatorischen Rahmenbedingungen eine solide Grundlage für die Ausarbeitung einer zukunftsorientierten, rechtskonformen und effektiven IT-Strategie.

[39] Es ist grundsätzlich zu empfehlen, ein Normenregister zu führen, das dabei unterstützen kann, für den jeweiligen Mandanten die zugehörigen Anforderungen bereitzuhalten.

3.5 Grundlage der IT-Strategie – Die Unternehmensstrategie

Die Unternehmensstrategie ist ein langfristiger Plan, der Gesamtausrichtung und Ziele eines Unternehmens festlegt. Sie umfasst Vision, Mission und Werte des Unternehmens sowie die strategischen Ziele und Prioritäten, die erreicht werden sollen. Die Unternehmensstrategie legt den Rahmen für Entscheidungen, Maßnahmen und Ressourcenallokationen fest, um das Unternehmen erfolgreich zu positionieren, Wettbewerbsvorteile zu erzielen und langfristigen Erfolg zu sichern.

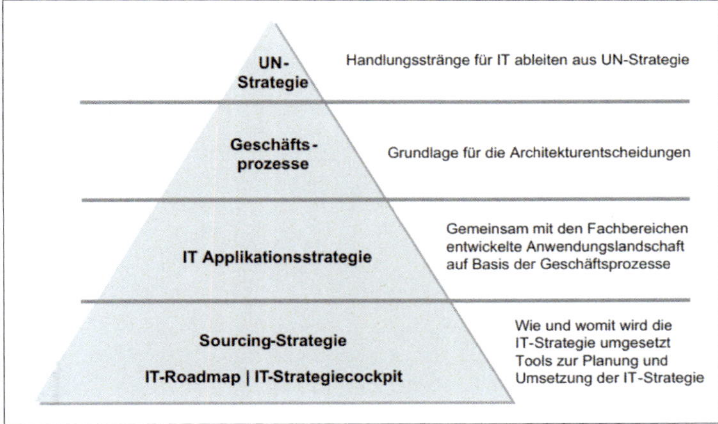

Abb. 3.3 Entwicklung von der Unternehmensstrategie zur IT-Strategie[40]

Die Unternehmensstrategie berücksichtigt dabei sowohl interne als auch externe Faktoren. Sie analysiert die Marktbedingungen, die Wettbewerbssituation, die Kundenanforderungen, technologische Entwicklungen und weitere Einflussfaktoren, um Chancen zu identifizieren und Risiken zu minimieren. Basierend auf dieser Analyse werden strategische Ziele definiert, die das Unternehmen erreichen möchte.

Die Unternehmensstrategie legt fest, wie das Unternehmen seine Ressourcen, Fähigkeiten und Kompetenzen einsetzen wird, um die strategischen Ziele zu erreichen. Sie bestimmt die Geschäftsbereiche, in denen das Unternehmen tätig sein möchte, und definiert die Wettbe-

[40] Siehe Johanning (2019), S. 100

werbsstrategie, um sich von anderen Unternehmen abzuheben. Die Umsetzung der Unternehmensstrategie erfordert eine klare Planung, eine effektive Ressourcenallokation, eine kontinuierliche Überwachung und Anpassung an sich ändernde Bedingungen. Eine gut definierte und umgesetzte Unternehmensstrategie ermöglicht es dem Unternehmen, seine langfristigen Ziele zu erreichen, das Wachstum voranzutreiben, Marktanteile zu gewinnen, Innovationen voranzutreiben und den Erfolg im Wettbewerbsumfeld sicherzustellen. Sie dient als Leitfaden für Entscheidungen auf allen Ebenen des Unternehmens und schafft eine klare Ausrichtung und Einheitlichkeit in allen Geschäftsbereichen.

Die IT-Strategie steht in direktem Zusammenhang mit der Unternehmensstrategie und stellt sicher, dass die IT-Funktion die Geschäftsziele effektiv unterstützt und vorantreibt („Strategic Fit"). Sie bildet die Brücke zwischen den Unternehmenszielen und den technologischen Möglichkeiten, indem sie die strategische Ausrichtung der IT auf die geschäftlichen Anforderungen abbildet.

Die IT-Strategie wird auf der Grundlage der Unternehmensstrategie entwickelt und ausgerichtet. Sie berücksichtigt Vision, Ziele und Prioritäten des Unternehmens und identifiziert die Möglichkeiten, wie die IT-Infrastruktur, Systeme und Anwendungen eingesetzt werden können, um diese Ziele zu unterstützen und Wettbewerbsvorteile zu erzielen. Eine starke Verbindung zwischen der IT-Strategie und der Unternehmensstrategie gewährleistet, dass die IT-Initiativen und -Investitionen die strategischen Ziele des Unternehmens unterstützen. Sie ermöglicht eine gezielte Planung, Entwicklung und Umsetzung von IT-Lösungen, die die Geschäftsprozesse optimieren, Effizienzsteigerungen ermöglichen, Innovationen vorantreiben und eine bessere Kundenorientierung gewährleisten.

i

Hinweis:
Die Unternehmensstrategie im KMU-Umfeld

Oftmals haben insbesondere kleine und mittelständische Unternehmen (KMU) keine vollständige, formale Unternehmensstrategie. Es besteht die Gefahr, dass ohne eine klare Unternehmensstrategie, auch keine spezifische IT-Strategie definiert und umgesetzt werden kann.

Eine Unternehmensstrategie dient als Leitfaden für das Unternehmen und legt die langfristigen Ziele und Prioritäten fest. Sie hilft dabei, den Fokus zu schärfen, Ressourcen zu optimieren und den

Erfolg im Wettbewerbsumfeld zu steigern. Allerdings kann die Entwicklung einer umfassenden Unternehmensstrategie zeitaufwendig und ressourcenintensiv sein, was für viele KMU eine Herausforderung darstellen kann. Infolgedessen können Unternehmen ohne klare Unternehmensstrategie möglicherweise auch keine klare IT-Strategie vorweisen.

Es ist jedoch wichtig zu beachten, dass dies kein Hindernis für KMU darstellen sollte. Selbst ohne eine umfassend ausformulierte Unternehmensstrategie können Unternehmen von einer effektiven IT-Ausrichtung profitieren. Es gibt flexible Ansätze, die auf die spezifischen Bedürfnisse und Möglichkeiten eines Unternehmens zugeschnitten werden können. Eine pragmatische Herangehensweise könnte darin bestehen, die geschäftlichen Ziele und Anforderungen zu analysieren, um einen klaren Überblick über die IT-Bedürfnisse zu erhalten (bspw. in Form einer Investitionsliste). Durch eine regelmäßige Bewertung der IT-Landschaft und eine Priorisierung der IT-Initiativen können Unternehmen schrittweise eine IT-Strategie entwickeln und umsetzen, die ihre Geschäftsziele unterstützt.

Es ist auch ratsam, externe Experten oder Berater hinzuzuziehen, die bei der Entwicklung einer maßgeschneiderten IT-Strategie für das Unternehmen unterstützen können. Sie können helfen, eine klare Vision zu entwickeln, Technologieentscheidungen zu treffen und Ressourcen effektiv einzusetzen.

Die IT-Strategie unterstützt die Umsetzung der Unternehmensstrategie, indem sie die technologischen Möglichkeiten aufzeigt, um Wachstumsmöglichkeiten zu nutzen, betriebliche Abläufe zu verbessern, Kosten zu reduzieren und neue Produkte oder Dienstleistungen einzuführen. Sie hilft dabei, die richtigen IT-Investitionen zu priorisieren, Technologien auszuwählen, die den geschäftlichen Anforderungen entsprechen, und die IT-Ressourcen effizient einzusetzen.

Eine enge Verknüpfung zwischen IT-Strategie und Unternehmensstrategie schafft eine einheitliche Ausrichtung des Unternehmens und ermöglicht eine ganzheitliche Sichtweise auf die Nutzung von IT. Sie fördert die Zusammenarbeit zwischen den IT- und Geschäftsbereichen und schafft eine solide Grundlage für eine erfolgreiche digitale Transformation und den langfristigen Erfolg des Unternehmens.

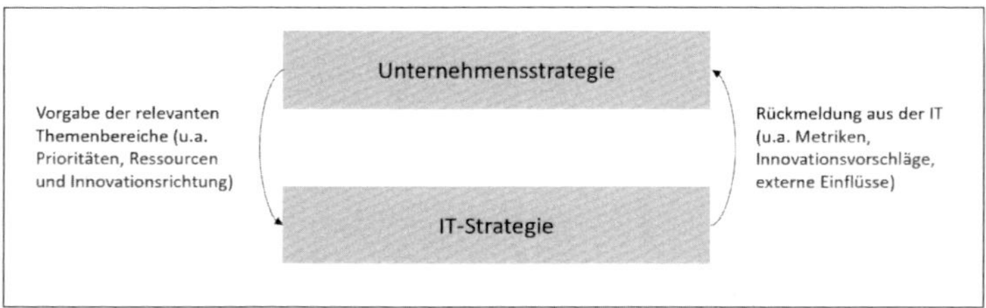

Abb. 3.4 Verhältnis Unternehmensstrategie und IT-Strategie[41]

Da die IT im Unternehmen keinen Selbstzweck erfüllt, sollte die IT-Abteilung eine ergebnisorientierte Sicht einnehmen und dies auch in das gesamte Unternehmen tragen. Die IT-Strategie kann helfen zu zeigen, wie das Unternehmen von der IT profitiert und somit unterstützen, dass die IT nicht als reiner Kostenfaktor gesehen wird.

Nach COBIT 2019 werden die folgenden Schritte empfohlen, um die geschäftlichen Erwartungen zu verstehen[42]:

1. Identifizieren Sie die geschäftlichen Anspruchsgruppen sowie ihre Interessen und Verantwortungsbereiche.
2. Überprüfen Sie die aktuelle Ausrichtung, die Probleme und die strategischen Zielvorgaben des Unternehmens und deren Ausrichtung an der Unternehmensarchitektur.
3. Machen Sie sich mit dem derzeitigen geschäftlichen Umfeld, den Prozesseinschränkungen bzw. -problemen, Fragestellungen zur geografischen Erweiterung oder Verkleinerung und den industriellen/behördlichen Treibern vertraut.
4. Behalten Sie einen Überblick über die Geschäftsprozesse und die damit verbundenen Aktivitäten. Machen Sie sich mit Bedarfsmustern in Bezug auf Servicevolumen und -nutzung vertraut.
5. Managen Sie Erwartungen, indem Sie sicherstellen, dass die Geschäftsbereiche die Prioritäten, Abhängigkeiten, finanziellen Einschränkungen und die Notwendigkeit der Planung von Anforderungen verstehen.
6. Klären Sie geschäftliche Erwartungen an IT-gestützte Services und Lösungen. Stellen Sie sicher, dass die Anforderungen anhand von

[41] Abbildung selbst erstellt
[42] Vgl. COBIT (2019), S. 112

entsprechenden geschäftlichen Abnahmekriterien und Metriken definiert werden.

7. Stellen Sie die Zustimmung der IT und der Fachabteilungen zu den Erwartungen und deren Messung sicher. Stellen Sie ebenfalls sicher, dass diese Vereinbarung von allen Anspruchsgruppen bestätigt wird.

Nachdem die geschäftlichen Erwartungen definiert und verstanden werden, müssen Unternehmen weitere Entscheidungen treffen, um eine für das Unternehmen passende IT-Strategie zu erstellen. Beispielsweise muss nach Krcmar ein Unternehmen festlegen, ob die Position der Technikführerschaft oder die eines Followers angestrebt wird.[43] Bei der Technikführerschaft können häufig Vorteile gegenüber Wettbewerbern realisiert werden. Die Investition in Innovation ist jedoch auch häufig mit Risiken verbunden, da das Verhalten von Kunden oder der Gesetzgebung noch nicht vorhersehbar ist. Um die Umsetzung der IT-Strategie zu überwachen, ist es notwendig KPIs (Key Performance Indicator) so zu definieren, dass der Einfluss der aus der IT-Strategie abgeleiteten Maßnahmen auf die definierten strategischen Ziele in den definierten Kennzahlen nachvollziehbar dargestellt wird.

Auf die Messbarkeit von strategischen IT-Zielen wird in Kapitel 6 genauer eingegangen.

Beispiel

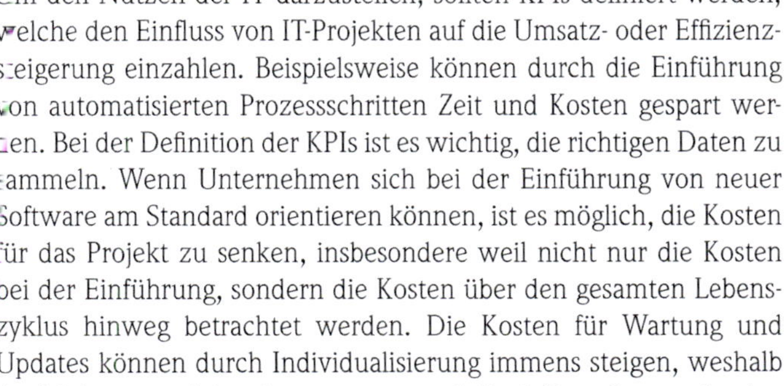

Um den Nutzen der IT darzustellen, sollten KPIs definiert werden, welche den Einfluss von IT-Projekten auf die Umsatz- oder Effizienzsteigerung einzahlen. Beispielsweise können durch die Einführung von automatisierten Prozessschritten Zeit und Kosten gespart werden. Bei der Definition der KPIs ist es wichtig, die richtigen Daten zu sammeln. Wenn Unternehmen sich bei der Einführung von neuer Software am Standard orientieren können, ist es möglich, die Kosten für das Projekt zu senken, insbesondere weil nicht nur die Kosten bei der Einführung, sondern die Kosten über den gesamten Lebenszyklus hinweg betrachtet werden. Die Kosten für Wartung und Updates können durch Individualisierung immens steigen, weshalb der Mehrwert solcher Anpassungen und die dafür aufzuwendenden Kosten gegeneinander abgewogen werden müssen.

43 Krcmar (2005), S. 299

Durch das Aufzeigen welchen Nutzen die IT-Projekte dem Unternehmen bzw. anderen Abteilungen bringen, wird die Akzeptanz für die Umsetzung von IT-Projekten gesteigert.

Praxistipp:
In der Praxis ist die Ableitung der IT-Strategie von der Unternehmensstrategie häufig schwierig, da keine Unternehmensstrategie vorhanden ist oder diese nicht ausreichend detailliert ist, um für einzelne Abteilungen, hier insbesondere die IT-Abteilung, Ziele herunterzubrechen.

In diesen Fällen kann die IT eine Vorreiterrolle einnehmen und helfen, die Unternehmensstrategie aufzubauen. Die IT-Abteilung hat oft Einsicht in alle Unternehmensbereiche, da diese meist auf verschiedene Anwendungen und Services der IT-Abteilung angewiesen sind. Mitarbeiter aus der IT-Abteilung oder der IT-Leiter selbst kann mit den verschiedenen Unternehmensbereichen Gespräche führen und versuchen, die Ziele dieser zu verstehen. Gemeinsamkeiten der Ziele verschiedener Abteilungen werden hierbei analysiert. Beispielweise könnte die Einführung eines neuen Systems zur Unterstützung des Rechnungseingangsprozesses durch eine systemgestützte Erkennung von Feldern und automatischen Schnittstellen im Datenfluss sowohl dem Einkauf als auch der Buchhaltung helfen.

Eine weitere Möglichkeit ist, die IT-Strategie parallel zur Unternehmensstrategie zu entwickeln. Die simultane Entwicklung beider Strategien ermöglicht die optimale Ausrichtung der IT-Strategie an der Unternehmensstrategie sowie die Berücksichtigung von Erkenntnissen der IT für das Unternehmen.[44]

Nachdem die Geschäftserwartungen definiert sind, soll die IT-Strategie an diesen ausgerichtet werden und es sollen Möglichkeiten für die IT, das Unternehmensgeschäft zu verbessern, identifiziert werden. So kann die IT ein wertschöpfender Partner innerhalb des Unternehmens wer-

44 Vgl. Sax (2010), S. 24f.; Vgl. Krcmar (2005), S. 32

den. Die Durchführung der folgenden Aktivitäten soll zu der entsprechenden Ausrichtung der IT-Strategie führen:

1. Positionieren Sie die IT als Partner des Unternehmens. Nehmen Sie eine proaktive Rolle bei der Identifizierung von Chancen, Risiken und Einschränkungen sowie bei der diesbezüglichen Kommunikation mit wichtigen Anspruchsgruppen ein. Dazu gehören aktuelle und aufkommende Technologien, Services und Geschäftsprozessmodelle.
2. Arbeiten Sie bei wichtigen neuen Initiativen mit dem Portfolio-, Programm- und Projektmanagement zusammen. Stellen Sie sicher, dass die IT-Organisation bei Einleitung einer neuen Initiative durch Unterstützung in Form von Beratung und Empfehlungen (z.B. Entwicklung von Business Cases, Definition von Anforderungen, Lösungskonzept) und durch die Übernahme von Verantwortung für die IT-Arbeitsabläufe einbezogen wird.[45]

Inwieweit die IT-Strategie die Ziele des Unternehmens unterstützt, kann durch die folgenden Metriken überprüft werden:

a. Umfang der Berücksichtigung von Technologiemöglichkeiten in Investitionsvorschlägen
b. Befragung von geschäftlichen Anspruchsgruppen hinsichtlich ihres technologischen Bewusstseins[46]

3.5 Der Stakeholderbezug der IT-Strategie

Der Stakeholderbezug in der IT-Strategie ist von entscheidender Bedeutung, um sicherzustellen, dass die Interessen und Anforderungen aller relevanten Stakeholder berücksichtigt werden. Es gibt verschiedene Aspekte, die hierbei beachtet werden sollten:

- **Identifikation der Stakeholder:** Es ist wichtig, alle relevanten Stakeholder zu identifizieren, die von der IT-Strategie betroffen sind oder einen Einfluss haben könnten.
- **Bedürfnisse und Erwartungen verstehen:** Jeder Stakeholder hat andere Bedürfnisse, Erwartungen und Prioritäten in Bezug auf das Unternehmen und ggf. auch die IT des Unternehmens. Es ist entschei-

[45] Vgl. COBIT (2019), S. 112
[46] Vgl. COBIT (2019), S. 114

dend, diese zu verstehen und zu berücksichtigen, um eine ausgewogene und akzeptierte IT-Strategie zu entwickeln. Dies erfordert eine enge Kommunikation, regelmäßige Feedbackschleifen und den Dialog mit den Stakeholdern.

- **Einbindung der Stakeholder:** Die Einbindung der Stakeholder in den Strategieentwicklungsprozess ist essenziell. Durch Workshops, Meetings, Umfragen oder andere Kommunikationskanäle können die Perspektiven der Stakeholder eingeholt werden. Dies ermöglicht eine breitere Beteiligung, erhöht das Verständnis und fördert die Akzeptanz der Strategie.
- **Transparenz und Kommunikation:** Eine transparente Kommunikation der IT-Strategie an die Stakeholder ist entscheidend, um Vertrauen aufzubauen und eine gemeinsame Basis zu schaffen. Die Stakeholder sollten über die Ziele, Maßnahmen und Fortschritte informiert werden, damit sie die Strategie besser verstehen und mittragen können.
- **Kontinuierliches Monitoring und Feedback:** Der Stakeholderbezug endet nicht mit der Entwicklung der IT-Strategie. Es ist wichtig, die Auswirkungen der Strategie auf die Stakeholder kontinuierlich zu überwachen und Feedback einzuholen. Dadurch können Anpassungen vorgenommen und die Strategie kontinuierlich verbessert werden.

Beispiel

Erfolgreiche Marktpositionierung durch stakeholderkonzentrierte IT-Strategie

Ein mittelständisches Technologieunternehmen, befand sich in einem Wettbewerbsumfeld mit starkem Druck von etablierten Konkurrenten und aufstrebenden Tech-Start-ups. Um in diesem Marktumfeld erfolgreich zu sein, entschied sich das Unternehmen dafür, eine umfassende Strategie zu entwickeln, die stark auf seine Stakeholder ausgerichtet war.

Das Unternehmen stand vor dem Problem, wie es sich im Wettbewerbsumfeld differenzieren und seinen Kundenstamm erweitern könnte. Die bisherige IT-Infrastruktur und Anwendungslandschaft waren fragmentiert und konnten nicht effizient skalieren. Das Unternehmen erkannte, dass es notwendig war, eine zukunftsorientierte IT-Strategie zu entwickeln, die die Interessen und Erwartungen aller Stakeholder berücksichtigt.

Das Unternehmen begann mit einer umfassenden Analyse seiner Stakeholder und deren Anforderungen (u.a. Lieferanten, Kunden, Partner, Mitarbeiter). Dies umfasste Kundenbefragungen, Mitarbeiterfeedback und Konsultationen mit externen Stakeholdern. Basierend auf diesen Erkenntnissen entwickelte das Unternehmen eine IT-Strategie, die mehrere Kernziele beinhaltete:

- Kundenzentrierter Ansatz: Die IT-Strategie legte den Schwerpunkt auf die Verbesserung der Kundenerfahrung. Dies beinhaltete die Entwicklung einer benutzerfreundlichen E-Commerce-Plattform, optimierte Lieferkettenprozesse und kundenspezifische Serviceangebote.
- Effiziente interne Arbeitsprozesse: Die Strategie zielte darauf ab, interne Prozesse durch Automatisierung und Integration zu optimieren (u.a. durch RPA, BPMN, Cloud). Dies verbesserte die Effizienz der Arbeitsabläufe und reduzierte Engpässe.
- Förderung von Innovationen: Die IT-Strategie sah Investitionen in Forschung und Entwicklung vor, um innovative Lösungen und Produkte zu entwickeln, die den Anforderungen des Marktes und der Kunden entsprachen.
- Sicherheitsmaßnahmen: Angesichts der wachsenden Sorge um Datensicherheit aufgrund von Cybersicherheitsvorfällen legte die IT-Strategie großen Wert auf die Implementierung robuster IT-Sicherheitsmaßnahmen (u.a. redundante Firewall, SIEM).

Die implementierte stakeholderkonzentrierte IT-Strategie führte zu folgenden Ergebnissen:

- Kundenzufriedenheit: Die Kundenzufriedenheit stieg an, da die verbesserte E-Commerce-Plattform und personalisierte Dienstleistungen die Kundenbindung stärkten.
- Effizienzsteigerung: Durch die Automatisierung interner Prozesse konnten langfristig Kosten gesenkt und Durchlaufzeiten verkürzt werden.
- Innovation: Das Unternehmen konnte innovative Produkte auf den Markt bringen, die seine Position als Technologieführer stärkten und neue Geschäftsmöglichkeiten eröffneten.
- Vertrauen der Stakeholder: Die Bemühungen um Datensicherheit stärkten das Vertrauen der Stakeholder, einschließlich Kunden und Investoren.

Indem es die Bedürfnisse und Erwartungen der Stakeholder berücksichtigte, gelang es dem Unternehmen, sowohl seine Kundenbasis zu erweitern als auch Effizienz und Innovationskraft zu steigern, was zu einem nachhaltigen Wettbewerbsvorteil führte.

Im Folgenden sind einzelne Stakeholder zusammengestellt, welche einen wichtigen Einfluss auf die IT-Strategie haben:

Stakeholder	Beschreibung	Einfluss auf die IT-Strategie
Geschäftsführung/ Vorstand	Die Geschäftsführung bzw. der Vorstand besteht aus den Führungskräften und Entscheidungsträgern eines Unternehmens, die die strategische Ausrichtung, die Ziele und Richtlinien festlegen. Sie sind verantwortlich für die allgemeine Leitung und Steuerung des Unternehmens und treffen Entscheidungen, die die Geschäftsaktivitäten beeinflussen.	– Definition der strategischen Ziele und Prioritäten des Unternehmens – Festlegung der Ausrichtung der IT-Strategie entsprechend den Unternehmenszielen – Bereitstellung von Ressourcen für die Umsetzung der IT-Strategie – Entscheidungsfindung und Priorisierung von IT-Investitionen – Schaffung einer unterstützenden Unternehmenskultur für die Umsetzung der IT-Strategie
IT-Leiter/ IT-Verantwortlicher	Der IT-Leiter/IT-Verantwortliche ist für die Planung, Organisation und Steuerung der IT-Abteilung eines Unternehmens verantwortlich. Er trägt die Verantwortung für die IT-Infrastruktur, die Systeme, die Datenverwaltung und die Sicherheit der IT im Unternehmen.	– Entwicklung und Umsetzung der IT-Strategie gemäß den Geschäftszielen und Anforderungen des Unternehmens – Identifizierung und Priorisierung von IT-Initiativen und Investitionen zur Unterstützung der Geschäftsziele – Sicherstellung der Effektivität und Effizienz der IT-Infrastruktur und -Prozesse – Gewährleistung der IT-Sicherheit und des Datenschutzes – Auswahl und Implementierung geeigneter Technologien, Systeme und Softwarelösungen – Steuerung von IT-Projekten und Ressourcenallokation – Aufbau und Pflege von Partnerschaften mit externen IT-Dienstleistern und -Anbietern

Stakeholder	Beschreibung	Einfluss auf die IT-Strategie
		– Förderung einer Kultur der Innovation, der kontinuierlichen Verbesserung und der digitalen Transformation in der IT-Abteilung und im Unternehmen – Regelmäßige Überprüfung der IT-Strategie und Abstimmung mit der Geschäftsführung und anderen Stakeholdern
CISO (Chief Information Security Officer)/ ITSiBe (Sicherheitsbeauftragter)	Der CISO bzw. der Sicherheitsbeauftragte ist verantwortlich für die Sicherheitsstrategie und das Sicherheits-management im Unternehmen. Er hat die Aufgabe, die Informationssicherheit zu gewährleisten, Risiken zu identifizieren und zu mindern sowie Schutzmaßnahmen zu implementieren, um die IT-Infrastruktur und -Systeme vor Bedrohungen zu schützen.	– Entwicklung und Implementierung einer umfassenden IT-Sicherheitsstrategie und -richtlinien auf Grundlage der IT-Strategie – Identifizierung und Bewertung von Sicherheitsrisiken und Bedrohungen für die IT-Infrastruktur und -Systeme – Definition von Sicherheitsstandards, -maßnahmen und -verfahren zur Gewährleistung der Informationssicherheit – Überwachung und Kontrolle der Einhaltung von Sicherheitsrichtlinien und -vorschriften – Planung und Durchführung von Sicherheitsschulungen und -trainings für Mitarbeiter – Zusammenarbeit mit internen und externen Sicherheitsdienstleistern zur Identifizierung und Abwehr von Cyber-Bedrohungen – Incident-Management und Reaktion auf Sicherheitsvorfälle – Bewertung und Auswahl von Sicherheitstechnologien und -lösungen – Integration von Sicherheitsaspekten in die IT-Architektur und bei der Auswahl von IT-Systemen und -Anwendungen – Berichterstattung an die Geschäftsführung über Sicherheitsmaßnahmen und -risiken – Gewährleistung der Einhaltung gesetzlicher und regulatorischer Anforderungen im Bereich der Informationssicherheit

Stakeholder	Beschreibung	Einfluss auf die IT-Strategie
IT-Strategie-ausschuss[47]	Die Gruppe berät den Vorstand in Bezug auf Strategien, die eine bessere Unterstützung der Gesamtstrategie und der Ziele der Organisation durch die IT ermöglichen. Der IT-Strategieausschuss kann sich mit den wichtigsten IT-Führungskräften des Unternehmens treffen, um ihnen die Wünsche des Vorstands direkt mitzuteilen. Dies funktioniert am besten in Form einer zweiseitigen Zusammenarbeit, bei der die IT-Führungskräfte den Strategieausschuss über ihren Status bei wichtigen Initiativen sowie über Herausforderungen und Risiken informieren können. Dieser kontinuierliche Dialog kann so oft wie nötig stattfinden, in der Regel ein- oder zweimal im Jahr.[48]	– Beobachtung von Industrietrends – Überwachung der Risiken der IT – Erarbeitung und Abstimmung langfristiger Ziele – Überwachung der IT-Fähigkeiten – Überwachung vergangener IT-Stati
Mitarbeiter der IT	Der Mitarbeiter in der IT, wie Systemadministrator oder Entwickler, ist für die Umsetzung und den Betrieb der IT-Infrastruktur und -Systeme verantwortlich. Er spielt eine wichtige Rolle bei der Implementierung von IT-Lösungen, der Wartung und dem Support von Systemen sowie der Sicherstellung eines reibungslosen IT-Betriebs im Unternehmen.	– Umsetzung der IT-Strategie und Einhaltung der IT-Richtlinien und -Standards – Bereitstellung technischer Expertise und Unterstützung bei der Auswahl, Implementierung und Wartung von IT-Systemen und -Lösungen – Sicherstellung der Betriebsbereitschaft und Leistungsfähigkeit der IT-Infrastruktur – Durchführung von Softwareentwicklung, Anpassungen und Tests gemäß den Anforderungen des Unternehmens – Überwachung und Analyse der Systemleistung sowie Identifizierung und Behebung von IT-Problemen und Störungen

[47] In Organisationen, in denen die IT einen erheblichen Wert darstellt, sollte der Vorstand einen IT-Strategieausschuss einrichten.

[48] Vgl. Gregory (2017), S. 21

Stakeholder	Beschreibung	Einfluss auf die IT-Strategie
		– Umsetzung von IT-Sicherheitsmaßnahmen und -richtlinien, einschließlich Zugriffskontrollen, Datenverschlüsselung und Virenschutz – Zusammenarbeit mit anderen IT-Teams und Abteilungen, um effektive Lösungen und Services bereitzustellen – Aktualisierung und Dokumentation von IT-Prozessen, Konfigurationen und Änderungen – Teilnahme an Schulungen und Weiterbildungen, um Fachwissen und Fähigkeiten aktuell zu halten – Kommunikation und Zusammenarbeit mit den Nutzern, um deren IT-Anforderungen zu verstehen und zu erfüllen
Fachbereich	Der Fachbereich, wie Buchhaltung, Einkauf oder Vertrieb, umfasst die spezifischen Geschäftsbereiche oder Abteilungen eines Unternehmens, die sich auf bestimmte Aufgaben und Funktionen konzentrieren. Diese Bereiche haben ihre eigenen Anforderungen und Prozesse, die von der IT unterstützt werden müssen, um effiziente Arbeitsabläufe und reibungslose Geschäftsaktivitäten zu gewährleisten.	– Identifizierung der geschäftlichen Anforderungen und Bedürfnisse, die von der IT unterstützt werden müssen – Kommunikation der Anforderungen an die IT-Abteilung und Zusammenarbeit bei der Entwicklung von Lösungen und Systemen, die den Fachbereichsanforderungen entsprechen – Zusammenarbeit mit der IT bei der Auswahl und Implementierung von IT-Systemen und -Anwendungen, die den spezifischen Geschäftsanforderungen gerecht werden – Bereitstellung von Fachwissen und Einblicken in die Geschäftsprozesse, um die IT-Strategie entsprechend auszurichten – Kontinuierliche Rückmeldung und Anpassung der IT-Strategie, um den sich ändernden Anforderungen des Fachbereichs gerecht zu werden – Nutzung von IT-Tools und -Lösungen zur Optimierung von Arbeitsabläufen und zur Steigerung der Effizienz im Fachbereich

Stakeholder	Beschreibung	Einfluss auf die IT-Strategie
		– Schulung und Sensibilisierung der Mitarbeiter im Fachbereich für den richtigen Umgang mit IT-Systemen und -Anwendungen – Zusammenarbeit mit der IT bei der Umsetzung von Sicherheitsmaßnahmen und Datenschutzrichtlinien, um die Vertraulichkeit und Integrität von Geschäftsdaten zu gewährleisten Eine enge Zusammenarbeit zwischen der IT-Abteilung und den Fachbereichen ist entscheidend, um sicherzustellen, dass die IT-Strategie die geschäftlichen Anforderungen erfüllt und den Fachbereichen dabei hilft, ihre Ziele effektiv zu erreichen.
Kunden	Der Kunde ist ein externer Stakeholder eines Unternehmens, der Produkte oder Dienstleistungen von diesem bezieht. Der Kunde hat spezifische Bedürfnisse und Erwartungen an die angebotenen Produkte oder Dienstleistungen und steht im Mittelpunkt des unternehmerischen Handelns.	– Berücksichtigung der Kundenanforderungen bei der Entwicklung der IT-Strategie, um Kundenzufriedenheit und -erfahrung zu gewährleisten – Einsatz von IT-Lösungen und -Technologien, die eine reibungslose Interaktion und Kommunikation mit dem Kunden ermöglichen – Sicherstellung der Sicherheit und Vertraulichkeit von Kundendaten durch angemessene Sicherheitsmaßnahmen und Datenschutzrichtlinien – Implementierung von CRM-Systemen (Customer Relationship Management), um Kundenbeziehungen zu verwalten und Kundenbedürfnisse besser zu verstehen – Bereitstellung von Self-Service-Optionen und digitalen Kanälen, um Kunden einen einfachen Zugang zu Informationen und Dienstleistungen zu bieten – Kontinuierliche Verbesserung von IT-Systemen und -Prozessen, um effiziente Auftragsabwicklung, Lieferung und Kundenservice zu gewährleisten

Stakeholder	Beschreibung	Einfluss auf die IT-Strategie
		– Einbeziehung des Kundenfeedbacks und der Kundenbedürfnisse in die Weiterentwicklung der IT-Strategie – Nutzung von Datenanalysen und Business Intelligence, um Kundenverhalten und -präferenzen besser zu verstehen und personalisierte Angebote zu entwickeln – Schaffung einer positiven Kundenerfahrung durch schnelle und zuverlässige IT-Services und -Lösungen Die IT-Systeme und -Lösungen dienen dazu, die Bedürfnisse und Erwartungen der Kunden zu erfüllen. Durch eine kundenorientierte Ausrichtung der IT-Strategie kann das Unternehmen wettbewerbsfähiger werden und langfristige Kundenbeziehungen aufbauen.
Lieferanten	Lieferanten sind externe Partner oder Unternehmen, die Produkte, Dienstleistungen oder Ressourcen an das Unternehmen liefern. Sie spielen eine wichtige Rolle in der Wertschöpfungskette des Unternehmens und haben direkten Einfluss auf Effizienz und Qualität der bereitgestellten Leistungen.	– Identifikation und Bewertung von IT-relevanten Anforderungen der Lieferanten, wie beispielsweise Schnittstellenanpassungen oder Datenübertragungsprotokolle – Auswahl von IT-Lösungen, die eine nahtlose Integration und Zusammenarbeit mit Lieferanten ermöglichen – Implementierung von E-Procurement-Systemen oder digitalen Lieferkettenmanagementsystemen zur Optimierung des Bestellprozesses und zur Verbesserung der Lieferanteneffizienz – Integration von EDI (Electronic Data Interchange) oder anderen elektronischen Kommunikationsstandards zur effizienten und sicheren Datenübertragung mit den Lieferanten – Sicherstellung der Datensicherheit und des Datenschutzes bei Übertragung und Speicherung von Lieferantendaten

Stakeholder	Beschreibung	Einfluss auf die IT-Strategie
		– Festlegung von Service Level Agreements (SLAs) und Key Performance Indicators (KPIs) zur Überwachung der Leistung der Lieferanten im IT-Bereich – Aufbau von Partnerschaften und Zusammenarbeit mit Lieferanten bei der Entwicklung und Implementierung von IT-Lösungen – Einbindung der Lieferanten in den kontinuierlichen Verbesserungsprozess der IT-Infrastruktur und -Prozesse – Überwachung und Kontrolle der Lieferantenperformance im IT-Bereich, um eine hohe Servicequalität und Zuverlässigkeit sicherzustellen Eine enge Zusammenarbeit mit Lieferanten und die Integration der IT-Systeme und -Prozesse trägt zu einer effizienten und effektiven Lieferkette bei.
Aufsichtsrat	Der Aufsichtsrat ist ein Organ in Unternehmen, das die Überwachung und Kontrolle der Geschäftstätigkeiten und Entscheidungen des Vorstands und der Geschäftsführung sicherstellt. Er vertritt die Interessen der Aktionäre und stellt sicher, dass das Unternehmen im Einklang mit den gesetzlichen Vorschriften, den Unternehmenszielen und -werten agiert.	– Überwachung der Strategie – Identifikation und Bewertung der Risiken – Genehmigung von Budgets für (IT-)Projekte – Überwachung der Compliance – Überwachung des Krisenmanagements – Führungsauswahl – Strategische Ausrichtung – Berichtsanforderung an Transparenz und Kommunikation – Überwachung der Abstimmung von Unternehmensstrategie und IT-Strategie Der Aufsichtsrat spielt eine entscheidende Rolle dabei, sicherzustellen, dass die IT-Strategie den Unternehmenszielen entspricht und die technologischen Initiativen im Einklang mit den langfristigen Interessen des Unternehmens stehen.

Stakeholder	Beschreibung	Einfluss auf die IT-Strategie
		Die BaFin fordert von Versicherungen, dass die IT-Strategie bei Erstverabschiedung sowie bei Anpassungen dem Aufsichtsorgan, wie bspw. dem Aufsichtsrat des Unternehmens, zur Kenntnis vorgelegt wird und ggf. mit diesem erörtert wird.[49]
Prüfer (Wirtschaftsprüfer/Interne Revision)	Der Prüfer, wie beispielsweise ein externer Wirtschaftsprüfer oder ein interner IT-Auditor, ist dafür zuständig, die Finanz- und IT-Systeme des Unternehmens zu prüfen und die Einhaltung von Gesetzen, Vorschriften und Standards zu überwachen. Der Prüfer spielt eine wichtige Rolle bei der Bewertung von Effektivität und Compliance der IT-Strategie.	– Überprüfung der Einhaltung von gesetzlichen und regulatorischen Anforderungen im IT-Bereich – Bewertung der Effektivität und Effizienz der IT-Systeme, -Prozesse und -Kontrollen – Identifizierung von Risiken und Schwachstellen in der IT-Infrastruktur und -Sicherheit – Bewertung der IT-Governance-Struktur und der Umsetzung von IT-Richtlinien und -Verfahren – Empfehlungen zur Verbesserung der IT-Strategie und zur Stärkung der IT-Systeme und -Kontrollen
Externe Behörden (Betriebsprüfer, BSI, BaFin)	Externe Behörden wie das Bundesamt für Sicherheit in der Informationstechnik (BSI), die Bundesanstalt für Finanzdienstleistungsaufsicht (BaFin) oder Datenschutzbehörden haben die Aufgabe, die Einhaltung von gesetzlichen Bestimmungen und Vorschriften in den Bereichen IT-Sicherheit und Datenschutz zu überwachen. Sie sind verantwortlich für die Kontrolle und Durchsetzung der gesetzlichen Anforderungen und Standards.	– Überprüfung der Einhaltung von IT-Sicherheitsstandards und Datenschutzbestimmungen – Durchführung von Audits und Inspektionen zur Bewertung der IT-Systeme, -Prozesse und -Kontrollen – Festlegung von Mindestanforderungen und Standards, die von den Unternehmen erfüllt werden müssen – Beratung und Unterstützung bei der Umsetzung von gesetzlichen Anforderungen im IT-Bereich – Erteilung von Genehmigungen oder Zertifizierungen für bestimmte IT-Systeme oder -Lösungen – Überwachung von Sicherheitsvorfällen und Datenschutzverletzungen sowie Einleitung von Maßnahmen bei Verstößen

[49] Vgl. Bundesamt für Finanzdienstleistungsaufsicht (2022), S. 7

Stakeholder	Beschreibung	Einfluss auf die IT-Strategie
		– Kommunikation von Veränderungen oder Updates in Bezug auf IT-Sicherheit und Datenschutz – Sanktionierung bei Nichteinhaltung der gesetzlichen Vorgaben Die Zusammenarbeit mit den Behörden ist wichtig, um die Compliance-Anforderungen zu erfüllen und mögliche rechtliche und finanzielle Konsequenzen zu vermeiden. Unternehmen müssen die Anforderungen der Behörden berücksichtigen und ihre IT-Strategie entsprechend anpassen, um den gesetzlichen Anforderungen gerecht zu werden und das Vertrauen der Kunden und der Öffentlichkeit zu gewährleisten.

Tab. 3.2 Mögliche Stakeholder der IT-Strategie

Praxistipp:
Bei der Prüfung des Stakeholderbezugs in der IT-Strategie ist eine ganzheitliche Herangehensweise entscheidend. Beginnen Sie mit der Überprüfung, ob alle relevanten Stakeholder identifiziert wurden, und bewerten Sie, ob ihre Bedürfnisse und Erwartungen angemessen berücksichtigt sind. Achten Sie darauf, dass Mechanismen zur Einbindung und zum Dialog eingerichtet wurden, um ihre Perspektiven einzubeziehen. Verifizieren Sie die Abstimmung der IT-Strategie mit der Unternehmensstrategie und prüfen Sie die Transparenz der Kommunikation. Schließlich überwachen Sie kontinuierlich die Umsetzung, um sicherzustellen, dass der Stakeholderbezug nicht nur auf dem Papier existiert, sondern auch in der Realität einen wertvollen Beitrag zur erfolgreichen IT-Strategie leistet.

Durch einen umfassenden und proaktiven Stakeholderbezug in der IT-Strategie können Konflikte vermieden, Synergien genutzt und die Akzeptanz und Umsetzung der Strategie gefördert werden. Es ist wichtig, eine Kultur der Zusammenarbeit und des Dialogs zu schaffen, um die Interessen aller Stakeholder angemessen zu berücksichtigen und eine erfolgreiche Umsetzung der IT-Strategie zu ermöglichen.

i

Hinweis:
Die Verantwortlichkeiten innerhalb der IT-Strategie

Die Verantwortlichkeiten innerhalb der IT-Strategie legen fest, wer für die Erstellung, Implementierung und stete Überwachung der strategischen Ausrichtung der IT im Unternehmen verantwortlich ist. Sie definieren die Rollen und Aufgaben der relevanten Stakeholder und schaffen Klarheit über die Verantwortungsbereiche. Die richtige Zuweisung und klare Kommunikation von Verantwortlichkeiten in Bezug auf die IT-Strategie sind entscheidend für ihre erfolgreiche Umsetzung und ihre positiven Auswirkungen auf das Unternehmen.

Die IT-Strategie erfüllt keinen Selbstzweck. Damit sie effektiv umgesetzt und ihren beabsichtigten Nutzen entwickeln kann, ist es von Bedeutung, klare Verantwortlichkeiten hinsichtlich ihrer Erstellung, Implementierung und steten Überwachung festzulegen. Die Identifikation und Zuweisung von Verantwortungsbereichen stellt sicher, dass die Beteiligten wissen, welche Rolle sie bei der Umsetzung der IT-Strategie spielen und welche Aufgaben sie übernehmen müssen. Eine klare Definition der Verantwortlichkeiten ermöglicht es den Beteiligten, gezielt an ihren jeweiligen Aufgaben zu arbeiten und sicherzustellen, dass die IT-Strategie entsprechend den vereinbarten Zielen und Vorgaben umgesetzt wird. Dies trägt zur Effizienz und Wirksamkeit der IT-Strategie bei, indem sie als Leitfaden für die Entscheidungsfindung und Handlungssteuerung dient.

Darüber hinaus ist es wichtig, die Verantwortlichkeiten kontinuierlich zu überwachen und sicherzustellen, dass sie tatsächlich umgesetzt werden. Durch regelmäßige Überprüfung und Überwachung kann sichergestellt werden, dass die Verantwortlichen ihre Aufgaben erfüllen und die IT-Strategie den gewünschten Mehrwert für alle Beteiligten bringt. Eine effektive Umsetzung der IT-Strategie stärkt die Position der IT im Unternehmen, fördert die Zusammenarbeit zwischen den verschiedenen Stakeholdern und trägt letztendlich zur Erreichung der Unternehmensziele bei.

4 Vorgehensmodell für die Erstellung der IT-Strategie

Die Erstellung einer effektiven IT-Strategie kann auf verschiedene Weise angegangen werden. Im Verlauf dieses Buches soll eine Methode vorgestellt werden, die von **Johanning**[50] entwickelt wurde und die Erstellung in sieben Schritten unterteilt.

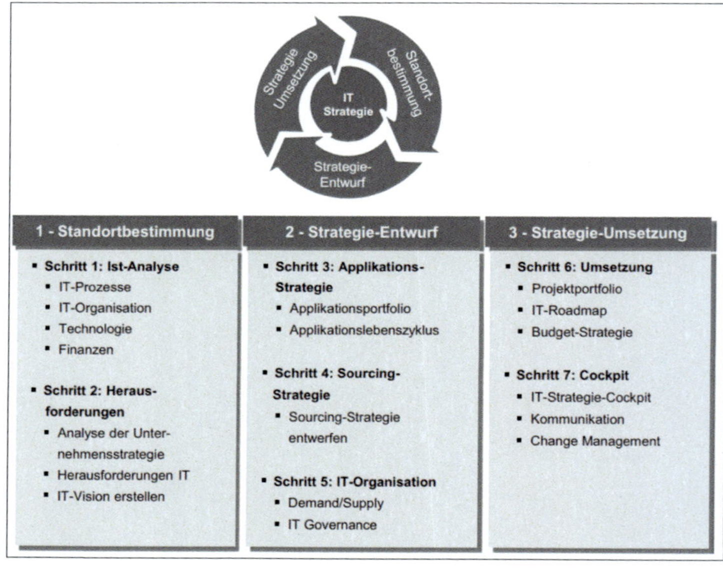

Abb. 4.1 Die 7 Schritte der IT-Strategie-Entwicklung nach Johanning[51]

Johanning hat die Erstellung in drei zentrale Themen unterteilt: Standortbestimmung, Strategie-Entwurf und Strategie-Umsetzung. Diese zentralen Themen sind jeweils in einzelne Teilschritte unterteilt.

50 Vgl. Johanning (2019). Johanning greift bei seinen 7 Schritten auf verschiedene strategische Managementanalysetools zurück (u.a. Porter's Five Forces-Analyse, BCG-Matrix, Lebenszyklustheorie, SWOT-Analyse), auf welche hier nur beispielhaft verwiesen wird. Der Leser kann bei der Erstellung der IT-Strategie ebenfalls auf sein eigenes Portfolio an strategischen Analysetools zurückgreifen (bspw. PESTEL-Analyse, Ansoff-Matrix, Core-Competencies).

51 Johanning (2019), S. 34

Im Folgenden werden die einzelnen Schritte kurz erläutert und dem Wirtschaftsprüfer entsprechende Praxistipps an die Hand gegeben.

i

Hinweis:
Bei der Beratung zur Entwicklung einer effektiven IT-Strategie stehen Wirtschaftsprüfer vor der Herausforderung, die richtige Vorgehensweise zu wählen, die zu den individuellen Anforderungen des Unternehmens passt. Neben etablierten Modellen wie den 7 Schritten von Johanning gibt es auch eine Vielzahl anderer Tools und Ansätze, die genutzt werden können. Wichtig ist dabei, dass die gewählte Methode klar mit den Unternehmenszielen und der aktuellen Geschäftsumgebung im Einklang steht. An dieser Stelle ist es nicht das Ziel, die gesamten Schritte im Detail zu erläutern, da Johanning bereits spezifische Fachliteratur dazu bereitgestellt hat. Stattdessen soll hier eine praxisnahe und verständliche Erklärung geboten werden, wie Wirtschaftsprüfer oder auch Unternehmen vorgehen können.

4.1 Standortbestimmung

Die Standortbestimmung erfasst, wie die IT im Unternehmen aufgestellt ist und wie die Unternehmensstrategie Vorgaben für die IT gibt. Das Ergebnis umfasst eine Übersicht der Schwachstellen der IT und einen ersten Entwurf einer IT-Vision.

4.1.1 Schritt 0: Das Projekt der IT-Strategie

Für jede Entwicklung von Vorgaben und Richtlinien innerhalb eines Unternehmens ist es unerlässlich, ein Projekt einzuleiten. Dies ermöglicht eine zielgerichtete und effektive Umsetzung des Erstellungsprozesses. Ein solches Vorgehen ist ebenfalls bei der IT-Strategie-Erstellung empfehlenswert.

i

Hinweis:
Wann sollte eine IT-Strategie erstellt werden?

Neben den generellen regulatorischen Anforderungen, dass für die IT im Unternehmen eine aus der Unternehmensstrategie abgeleitete

IT-Strategie vorliegen sollte, gibt es auch andere Auslöser, die die Erstellung bzw. Überarbeitung initiieren können[52]:

- Verbesserte Kooperation und effizienteres Anforderungsmanagement zwischen Geschäftsbereich und IT (auch bekannt als Business-IT-Alignment)
- Beschleunigte Markteinführung von IT-Leistungen
- IT-Organisationsrestrukturierung
- Stärkere Positionierung der IT im Unternehmensmanagement (neuer CIO, veränderte IT-Position im Unternehmen)
- Ausweitung der IT-Verantwortlichkeiten
- Kostenoptimiertes Auslagern von IT-Kernprozessen
- Anpassung oder Neuausrichtung der IT im Kontext einer Post-Merger-Integration

Johanning (2019) betont die Bedeutung eines vorbereitenden „Schritt 0“ bei der Entwicklung einer IT-Strategie. Dieser Schritt beinhaltet die grundlegende Planung des Projekts und umfasst Schlüsselelemente wie die klare Definition der IT-Strategieziele, den festgelegten Umfang (Scope) des Projekts, die Zusammenstellung des Projektteams sowie die Zuweisung von Verantwortlichkeiten. Ebenfalls berücksichtigt werden sollten die geschätzten Kosten und das Budget, die Identifizierung der Stakeholder und ihrer Bedürfnisse sowie der zeitliche Horizont des Projekts. Durch diese gezielte Vorbereitung wird ein solides Fundament gelegt für einen reibungslosen und erfolgreichen Strategieentwicklungsprozess.[53]

Praxistipp:
Schritt 0: Die IT-Strategie-Erstellung als Projekt

- Für Wirtschaftsprüfer stellt der vorbereitende „Schritt 0“ bei der Erstellung einer IT-Strategie einen wichtigen Schritt dar. In dieser frühen Phase ist Ihre Unterstützung sinnvoll, um sicherzustellen, dass alle notwendigen Elemente (u.a. Gesetze und Regulatorik, Branchenentwicklungen) berücksichtigt werden. Dabei kann es hilfreich sein, Experten für IT-Projekte hinzuzuziehen, um eine

[52] Vgl. Johanning (2019), S. 43
[53] Vgl. Johanning (2019), S. 44ff.

fachkundige Perspektive einzubringen. Der Wirtschaftsprüfer sollte das Management darin bestärken, die Bedeutung der frühen Einbindung aller relevanter Stakeholder zu erkennen. Ein engagiertes Team aus den richtigen Personen, einschließlich Schlüsselpersonen aus der Geschäftsleitung, ist entscheidend für den Erfolg der IT-Strategie. Des Weiteren sollte der Wirtschaftsprüfer betonen, wie wichtig die Ausrichtung auf die unternehmerischen Zielsetzungen ist. Dies gewährleistet, dass die IT-Strategie direkt in die Gesamtstrategie des Unternehmens eingebettet ist und die angestrebten Unternehmensziele unterstützt. Abschließend sollte nicht unterschätzt werden, wie bedeutend das gründliche Aufsetzen eines Projekts ist. Dieser Schritt legt den Grundstein für den gesamten Strategieentwicklungsprozess. Wirtschaftsprüfer können hierbei eine entscheidende Rolle bei der Strukturierung, Planung und Koordination übernehmen, um sicherzustellen, dass das Projekt von Anfang an in die richtige Richtung gelenkt wird.

Mögliche Fragen des Wirtschaftsprüfers bei der Unterstützung des Schrittes 0:

- Was ist das Ziel des Projekts[54]? Welches Ziel hat die IT-Strategie-Erstellung?
- Welchen Stand hat die IT-Strategie momentan?
- Welchen Scope soll die IT-Strategie haben? Bezieht sie sich vorerst nur auf bestimmte Bereiche/Arbeitsgruppen der IT oder sollen alle Bereiche einbezogen werden?
- Welche Projektmethoden sollten bei der IT-Strategie-Erstellung angewendet werden? Wie sollen die einzelnen Schritte dokumentiert werden?
- Welche Ressourcen sind notwendig (u.a. Personal, Budget, Technologie)?
- Wie soll das Projektteam aufgestellt werden[55]? Wird externe Unterstützung benötigt? Welche Anforderungen bestehen an die Kompetenzen dieses Teams?

54 Vgl. SMART-Regeln
55 Hier sei darauf verwiesen, dass Johanning abhängig von Gesamtmitarbeiteranzahl und Mitarbeiter in der IT-Abteilung eine Vorgabe für das IT-Strategieprojektteam vorgibt und deren einzelne Aufgaben beschreibt (Johanning (2019), S. 46ff.).

- Welche Stakeholder sind involviert und wie können ihre Bedürfnisse berücksichtigt werden?[56]
- Welche potenziellen Risiken oder Herausforderungen könnten auftreten, und wie können sie bewältigt werden?
- Wie ist der Zeithorizont für die Erstellung?
- Gibt es eine Überwachungseinheit, die die Qualität sicherstellt?
- Gibt es Abhängigkeiten von anderen Projekten oder externen Faktoren, die berücksichtigt werden müssen?
- Wie wird der Erfolg des Projekts gemessen und bewertet?
- Gibt es eine Roadmap oder eine Meilensteinplanung?
- Welche Arbeitspakete wurden definiert?

Gartner (2020) empfiehlt einen initialen IT-Strategie-Kick-off-Workshop. Dieser sollte auf Folgendes abzielen[57]:

- Förderung des Einverständnisses, dass die IT-Abteilung die Geschäftsstrategie genau verstanden und übernommen hat.
- Bewertung der Stärken, Schwächen, Möglichkeiten und Bedrohungen innerhalb der aktuellen Geschäfts- und Informationstechnologieumgebung.
- Untersuchung der Potenziale in den Bereichen Architektur, Betriebsmethoden, Human Resources, Governance, Beschaffung und kulturelle Aspekte.

Ein solcher Kick-off-Workshop hat zum Ziel alle Beteiligten angemessen für das Projekt der IT-Strategie-Erstellung abzuholen und in das Projekt zu integrieren.

Damit das Projekt IT-Strategie erfolgreich umgesetzt werden kann, ist es weiterhin zu empfehlen, entsprechende Projektziele zu definieren. Hierbei bietet sich der SMART-Ansatz an.

56 Siehe Kapitel 3.6
57 Vgl. Gartner (2020), S. 9

i

Hinweis:

Zieldefinition mit SMART

Ziele sollten nach dem SMART-Ansatz definiert werden[58]:

- spezifisch
- messbar
- akzeptiert
- realistisch
- terminiert

Spezifisch

Spezifisch Ziele sind eindeutig definiert. Alle Details sollten konkret in einem Satz zusammengefasst werden.

Messbar

Die Erreichung des Ziels sollte bewertbar und überprüfbar sein. Es werden quantitative und qualitative Kriterien formuliert, um das Ziel messbar zu machen. Es muss so definiert sein, dass sich die Zielerreichung objektiv beurteilen lässt.

Akzeptiert

Ein Ziel muss für alle Betroffenen attraktiv und akzeptabel sein. Es wird immer positiv und mit aktiven Verben formuliert.

Realistisch

Ein Ziel sollte realistisch sein, damit alle Beteiligten motiviert sind, daran mitzuarbeiten. Um ein größeres Ziel zu erreichen, sollten kleinere Teilziele definiert werden. Zugleich sollen Ziele auch eine Herausforderung darstellen. Dabei ist es wichtig, Ressourcen und Kompetenzen richtig einzuschätzen.

Terminiert

Ziele lassen sich kontrollieren, wenn ein Zeitpunkt für ihre Erreichung definiert ist. Auch bei permanenten Zielen werden häufig bestimmte Zeitpunkte zur Messung genutzt. Die Verfügbarkeit kann

58 Vgl. Sidler (2015), S. 24

beispielweise alle fünf Minuten gemessen werden und wird dann beispielweise monatlich berichtet.

Sind alle Kriterien der SMART-Methode erfüllt, ist am Ende ein spezifisches, messbares, attraktives, realistisches und terminierbares Ziel formuliert worden.[59]

4.1.2 Schritt 1: IST-Analyse – Umfangreiches IT-Assessment zur Feststellung des Status quo der IT

Die IST-Analyse der IT bildet einen essenziellen Ausgangspunkt für jedes Unternehmen, das eine klare Zielsetzung und strategische Ausrichtung anstrebt. Bevor neue Ziele definiert und Veränderungen eingeleitet werden, ist es unabdingbar, die aktuelle Ausgangslage genau zu betrachten und zu verstehen.

Johanning beschränkt sich bei der Analyse auf 4 Bereiche der IT, welche in folgender Tabelle übersichtlich zusammengetragen sind[60].

IT-Bereich	Themen	Kurzbeschreibung der Themen
IT-Prozesse	Projektmanagement	Projektmanagement bezieht sich auf die Planung, Koordination, Durchführung und Überwachung von Tätigkeiten, um ein bestimmtes Ziel innerhalb eines festgelegten Zeitrahmens, Budgets und Umfangs zu erreichen. Im Kontext der IT umfasst Projektmanagement die Organisation und Führung von IT-Projekten, wie z.B. – Entwicklung neuer Software – Implementierung von Systemen – Aktualisierung der IT-Infrastruktur – Sourcingvorhaben

[59] Vgl. Flandorfer (2023)
[60] Vgl. Johanning (2019), S. 67ff.

IT-Bereich	Themen	Kurzbeschreibung der Themen
	Demand Management	Demand Management definiert die Steuerung und die Abarbeitung von Anfragen und Bedarfsanforderungen an die IT-Services. Dies beinhaltet die Identifizierung, Bewertung, Priorisierung und Implementierung von Anfragen nach IT-Ressourcen oder -Diensten, um sicherzustellen, dass diese effizient und effektiv genutzt werden. – IT-Hardware-Beschaffung – IT-Serviceanfragen – Anforderungsmanagement bei der Softwareentwicklung
	Supply Management	Supply Management in der IT umfasst Planung, Beschaffung, Bereitstellung und Verwaltung von IT-Ressourcen und -Dienstleistern, die zur Unterstützung von Geschäftsprozessen benötigt werden. Dies umfasst den Kauf von Hardware, Software, Netzwerkressourcen und anderen technischen Ressourcen sowie Dienstleistungen und Informationen, um sicherzustellen, dass die IT-Infrastruktur den Vorgaben des Unternehmens gerecht wird. – Softwarelizenzverwaltung – Dienstleisterauswahl
	Service Management	Service Management umfasst die Gestaltung, Bereitstellung, Verwaltung und kontinuierliche Verbesserung von IT-Diensten, um die Geschäftsanforderungen zu erfüllen und die Kunden- sowie Mitarbeiterzufriedenheit zu erhöhen. – Service-Level-Vereinbarungen (SLAs) – Servicequalitätsüberwachung (u.a. Einführung eines ITSM) – Serviceanfragen und -störungen

IT-Bereich	Themen	Kurzbeschreibung der Themen
	Quality Assurance und Quality Management	Qualitätsmanagement in der IT bezieht sich auf die Implementierung von Prozessen, Methoden und Techniken, um sicherzustellen, dass die bereitgestellten IT-Produkte und -Dienstleistungen den vorgegebenen Qualitätsstandards entsprechen. – Definition von Qualitätskriterien – Überwachung und Messung der Qualität – Identifizierung von Optimierungsmöglichkeiten – Umsetzung von Qualitätsinitiativen
IT-Governance, IT-Organisation und IT-Mitarbeiter –––	IT-Governance-Strukturen	IT-Governance-Strukturen beziehen sich auf die organisatorischen Rahmenbedingungen und Prozesse, die sicherstellen, dass IT-Initiativen und -Ressourcen eines Unternehmens im Einklang mit den Geschäftszielen und -anforderungen stehen. – Richtlinien – Kontrollsysteme – Meldestellen
	Sourcing-Strategie	Die Sourcing-Strategie bezieht sich auf die gezielte Planung und Auswahl von Beschaffungsquellen für IT-Services, -Ressourcen und -Lösungen. Sie umfasst Entscheidungen darüber, welche IT-Komponenten intern entwickelt und betrieben werden sollen und welche durch Outsourcing, Cloud-Dienste oder andere externe Quellen bezogen werden. – Sourcing-Konzepte – Make-or-buy-Entscheidungen

IT-Bereich	Themen	Kurzbeschreibung der Themen
	Rollen und Verantwortlichkeiten	Rollen- und Verantwortlichkeiten definieren die Aufgaben, Pflichten und Befugnisse innerhalb eines Unternehmens. In der IT beziehen sie sich auf die spezifischen Aufgaben und Verantwortlichkeiten von IT-Mitarbeitern oder IT-Abteilungen bzw. IT-nahe Einzelpersonen in Bezug auf bspw. IT-Projekte, -Betrieb, -Sicherheit und andere IT-Funktionen. – IT-Rollen (u.a. Chief Information Officer, CISO, ITSiBe) – HR-Softwarelösungen
	Business-IT-Alignment (auch Business-IT-Abstimmung)	Business-IT-Alignment befasst sich mit der engen Ausrichtung der IT-Strategie auf die strategischen Ziele und Bedürfnisse des Unternehmens, um diese bestmöglich zu unterstützen. – Technologieevaluation – KPIs
	Mitarbeiterentwicklung	Mitarbeiterentwicklung bezieht sich auf die gezielte Förderung der Fertigkeiten und Kompetenzen der IT-Mitarbeiter und auch die Steigerung des IT-Wissens von Mitarbeitern außerhalb der IT-Abteilungen. Dies umfasst u.a. Schulungen, Weiterbildungen und andere Maßnahmen, um das Know-how der Mitarbeiter zu erweitern und ihre berufliche Entwicklung zu unterstützen. – Schulungen und Awareness-Maßnahmen inkl. Evaluation
Technologie	Architekturmanagement	Die IT-Architektur bezieht sich auf die Gestaltung und Verwaltung der gesamten IT-Infrastruktur. Ihr Ziel ist es, sicherzustellen, dass die IT-Soft- und Hardware miteinander und in die Unternehmensprozesse integriert sind und effizient zusammenarbeiten, um die Unternehmensziele zu unterstützen. – Architekturrahmenwerk – Anforderungsanalyse

IT-Bereich	Themen	Kurzbeschreibung der Themen
	IT-Sicherheit- und Disaster Recovery Management	IT-Sicherheit- und Disaster Recovery Management bezieht sich auf die Planung, Umsetzung und Überwachung von Sicherheitsmaßnahmen, um die Integrität bzw. Verfügbarkeit der IT-Landschaft des Unternehmens sicherzustellen und diese vor Bedrohungen und möglichen Ausfällen zu schützen, sowie auf die Entwicklung von Strategien und Plänen zu Wiederherstellung des Ausgangszustandes nach Notfällen. – IT-Sicherheitsmaßnahmen (u.a. Verschlüsselung, Patch-Management, Sicherheits-Überwachung) – Notfallmaßnahmen (u.a. BIA, Failover)
	IT-Betrieb	IT-Betrieb umfasst die Planung, Bereitstellung, Verwaltung und Überwachung der IT-Infrastruktur und anderen IT-Ressourcen wie Hardware, Software, Netzwerken und Diensten, um die störungsfreie Verfügbarkeit von IT-Services sicherzustellen. – IT-Betriebsprozesse (u.a. Änderungsmanagement, Störungsmanagement, Kapazitätsmanagement)
	Stammdatenmanagement	Stammdatenmanagement bezieht sich auf die Verwaltung und Pflege von grundlegenden, statischen Daten im Unternehmen, bspw. Adressdaten von Kreditoren und Debitoren. Dies umfasst die Gewährleistung der Datenqualität, -konsistenz und -aktualität. – Maßnahmen zum Datenmanagement (u.a. Datensynchronisation, Datenbereinigung, Datenanalyse)
	Softwareentwicklung	Softwareentwicklung bezieht sich auf den Prozess der Erstellung, des Customizing und der Implementierung von Softwareanwendungen. – Programmierungsvorgaben, Testmanagement, Wartung

IT-Bereich	Themen	Kurzbeschreibung der Themen
Finanzen	Optimale Kostenstrukturen	Optimale Kostenstrukturen beziehen sich auf die Gestaltung und Verwaltung von Kosten in der IT, um eine effiziente und wirtschaftliche Nutzung von Ressourcen sicherzustellen, ohne die Qualität der Dienstleistungen zu beeinträchtigen. – Kostenanalyse, Kostentransparenz
	IT-Controlling	IT-Controlling bezieht sich auf die Steuerung, Überwachung und Bewertung von IT-Projekten, -Budgets und -Ressourcen, um sicherzustellen, dass IT-Initiativen den Unternehmenszielen entsprechen und effektiv durchgeführt werden. – Kostenkontrolle, Budgetierung, Investitionsbewertung
	Compliance	Compliance bezieht sich auf die Einhaltung von gesetzlichen, externen und internen Anforderungen. – Finanzielle Compliance, Anti-Korruption

Tab. 4.1 Übersicht der IT-Bereiche für die IST-Analyse[61]

Das Ergebnis dieser IST-Analyse sollte dokumentiert werden, um die zugehörigen Ergebnisse in die IT-Strategie bringen zu können und dann nachvollziehbar eine Abarbeitung von identifizierten Abweichungen zu ermöglichen. Eine Möglichkeit der Dokumentation kann in Form einer datenbankgestützten Abfrage dargestellt werden, bei der über eine Bewertung[62] ein Netzdiagramm entwickelt wird (siehe Abb. 4.2).

[61] Vgl. Johanning (2019), S. 67–98

[62] Bewertungen können beliebig erfolgen und sollten die Bedürfnisse des Unternehmens abbilden. Dies kann bspw. nach gängigen Reifegradmodellen erfolgen (u.a. CMMI).

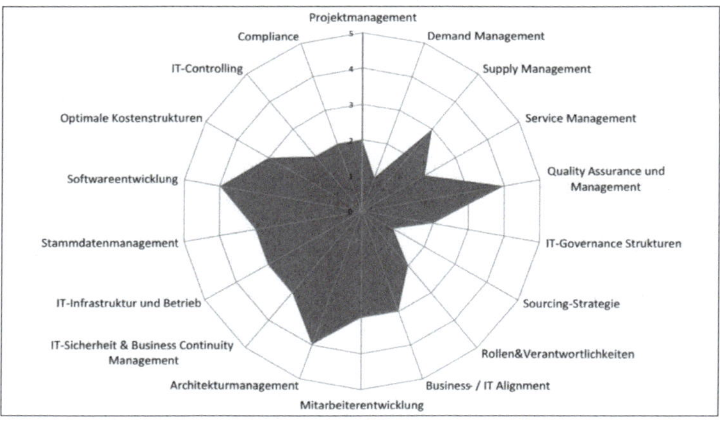

Abb. 4.2 Beispiel eines Netzdiagramms[63]

Praxistipp:
Schritt 1: IST-Analyse – Umfangreiches IT-Assessment zur Feststellung des Status quo der IT

Um eine effektive Verbesserung anzustreben, ist es unerlässlich, die aktuelle Ausgangssituation gründlich zu verstehen. Der erste Schritt dieses Prozesses beinhaltet eine umfassende interne Analyse der IT-Prozesse, der Organisationsstruktur, des Reifegrads der Technologie sowie der finanziellen Situation. Das Ergebnis dieser ersten Analysephase wird bspw. in Form eines übersichtlichen Netzdiagramms (siehe Abb. 4.2) oder einer Checkliste dargestellt und bietet wertvolle Hinweise auf mögliche Handlungsfelder für die Erarbeitung einer zukunftsfähigen IT-Strategie. Bei der IST-Analyse der IT ist es entscheidend, einen strukturierten Ansatz zu verfolgen, um genaue und umfassende Informationen zu erhalten.

63 Vgl. Johanning (2019), S. 75. Je geringer der Wert, desto schlechter die Ausgestaltung dieses Themas. Bspw. ist hier die Sourcing-Strategie noch nicht angemessen entwickelt und hat Abweichungen vom Soll-Zustand.

Mögliche Fragen des Wirtschaftsprüfers bei der Unterstützung des Schrittes 1[64]:

Hinsichtlich der einzelnen IT-Bereiche und zugehörigen Themen kann der Wirtschaftsprüfer folgende Überlegungen anstellen und mit einem Fragenkatalog Klarheit schaffen:

IT-Prozesse

- Projektmanagement: Lassen Sie sich einen Überblick über vorhandene und vergangene IT-Projekte geben und die Vorgehensweise sowie den Erfolg durch die jeweiligen Verantwortlichen kurz erläutern. Sie können sich in diesem Zusammenhang u.a. Projektübersichten, Projektdokumentationen und Projektstatusberichte geben lassen. Gehen Sie auch auf den allgemeinen Prozess zum (IT-)Projektmanagement ein.
  - Welche IT-Projekte sind vorhanden? Wie ist der Status?
  - Welche IT-Projekte sind bereits geplant? Wie ist der Zeitplan?
  - Gab es in der Vergangenheit IT-Projekte, die gescheitert sind? Warum sind diese gescheitert?
  - Gibt es Regelungen für das Projektmanagement?
  - Wer übernimmt IT-Projekte? Wer überwacht sie?
  - Welchen Rückhalt haben IT-Projekte durch das Management?
  - Wie erfolgt die Projektdokumentation?
- Demand Management: Lassen Sie sich einen Überblick über vorhandene und vergangene Bedarfsanforderungen geben. Gehen Sie mit dem Verantwortlichen mögliche Eingangskanäle für diese durch und besprechen Sie, wie diese kategorisiert werden.
  - Wie werden Anforderungen und Bedarf an IT-Services kommuniziert?
  - Gibt es einen eindeutigen Eingangskanal für Anforderungen?
  - Gibt es Kriterien, um die Priorität der Anforderungen zu bewerten?
  - Gibt es eine Kapazitätsplanung?
  - Sind Schwellenwerte definiert und wie wird die Einhaltung überwacht?

64 Falls detailliertere Fragen und Vorlagen für die Erstellung benötigt werden, sollte auf die Vorlagen von Johanning (2019) zurückgegriffen werden.

- Supply Management: Lassen Sie sich einen Überblick über vergangene und aktuelle Bestellungen geben und besprechen sie den Einkaufsprozess und die Freigabe-Richtlinie für die Beschaffung von IT-Ressourcen.
  - Wie wird die rechtzeitige Lieferung von IT-Ressourcen sichergestellt, um die Geschäftsanforderungen zu erfüllen?
  - Gibt es einen Standardlieferanten?
  - Gibt es Prozesse zur Verwaltung von Lizenzen und Softwarelösungen, um die Einhaltung von Nutzungsrechten und -bedingungen sicherzustellen?
  - Gibt es ein Vertragsverwaltungstool?
  - Wer gibt Bestellungen frei?
  - Wie werden die Kosten den Kostenstellen zugeordnet?
- Service Management: Nehmen Sie Einblick in das Ticketsystem und besprechen Sie wie die Tickets kategorisiert und priorisiert werden. Nehmen Sie Einsicht in einzelne Tickets und überprüfen Sie, ob diese angemessen, dem Service entsprechend dokumentiert wurden. Lassen Sie sich Serviceverträge oder SLA/OLA geben.
  - Verfügt das Unternehmen über ein Service Management? Gibt es einen Notfall-Support?
  - Sind Service-Operation-Prozesse implementiert (u.a. Incident-, Problem-, Change-, Release-, Notfallmanagement, Betriebssteuerung, Berechtigungsmanagement)?
  - Gibt es einen Service Desk mit Ticketsystem? Wie ist dieser organisiert? Gibt es andere Meldewege?
  - Folgt das Servicemanagement bestimmten Standards (bspw. ITIL)?
  - Existieren Service Level Agreements (SLA) oder Operational Level Agreements (OLA)? Wie sind diese ausgestaltet?
- Quality Assurance und Quality Management: Lassen Sie sich den Prozess um das IT-Qualitätsmanagement inkl. der Qualitätskriterien erläutern. Nehmen Sie Einsicht in zugehörige Zertifizierungen des Unternehmens.
  - Wie wird die Qualität der IT sichergestellt? Gibt es Qualitätskriterien?

- Gibt es einen Qualitätsmanager, Sicherheitsbeauftragten oder CISO?
- Gibt es angemessene IT-Dokumentationen?

IT-Governance, IT-Organisation und IT-Mitarbeiter

- IT-Governance-Strukturen: Nehmen Sie Einsicht in Richtlinien-Dokumente, Schulungsunterlagen oder IT-Konzepte.
  - Welche Standards sind hinsichtlich der IT-Governance im Einsatz (bspw. COBIT, ITIL, ISO27001/ISO38500, NIST Framework)?
  - Wie werden IT-Entscheidungen getroffen und überwacht?
  - Wie ist die IT-Governance mit der Corporate Governance verknüpft?
  - Welche Verknüpfung besteht zum IT-Risikomanagement und zur IT-Compliance (siehe GRC)?
- Sourcing-Strategie: Besprechen Sie die unterschiedlichen Sourcing-Konzepte im Unternehmen. Nehmen Sie Einsicht in die einzelnen Verträge mit Dienstleistern.
  - Welche Sourcing-Konzepte werden ausgeführt (bspw. inhouse, Outsourcing, Offshoring, Nearshoring)?
  - Welche Auslagerungen liegen in welchen IT-Bereichen vor? Wer ist für diese verantwortlich?
  - Wer sind die Dienstleister? Wie werden diese durch das Unternehmen kontrolliert? Welche Verträge liegen vor?
- Rollen und Verantwortlichkeiten: Nehmen Sie Einsicht in das (IT-) Organigramm und die Verortung der IT im Unternehmen. Erfragen Sie Stellenbeschreibungen und Aufgabenverteilungen sowie die Funktionstrennungsmatrix.
  - Wer ist für die IT im Unternehmen verantwortlich?
  - Wie viele Mitarbeiter sind in der IT und welche Aufgaben übernehmen sie?
  - Welche Rolle spielen externe IT-Kräfte?
  - Kennt jeder Mitarbeiter seine Aufgaben und Verantwortlichkeiten?
  - Gibt es Vertretungsregelungen?
  - Wie ist die fachliche Verteilung zwischen IT-Personal und Fachpersonal (auch hinsichtlich möglicher Schatten-IT)?

- Business-IT-Alignment: Lassen Sie sich die Verzahnung von Business und IT erläutern.
  - Gibt es einen Austausch zwischen Geschäftsführung und IT?
  - Gibt es einen Austausch zwischen Fachbereich und IT (bspw. bei Störungen oder Projekten)?
  - Welche IT-Schulungen gibt es für den Fachbereich, welche Fachschulungen gibt es für die IT-Mitarbeiter?
- Mitarbeiterentwicklung: Erörtern Sie Schulungen und Awareness-Maßnahmen für IT-Mitarbeiter. Nehmen Sie hierzu Einsicht in die Schulungspläne und Schulungsdokumentationen (bspw. Teilnahmeprotokolle)
  - Werden Schulungen und Awareness-Maßnahmen für das IT-Personal angeboten?
  - Werden alle IT-Mitarbeiter in diese Maßnahmen eingebunden und erhalten sie genügend Zeit, um hieran teilzunehmen?
  - Welche Inhalte umfassen die Schulungen (bspw. fachliche Themen oder Softskills)?

Technologie:

- Architekturmanagement: Nehmen Sie Einsicht in Architekturübersichten und Inventarlisten.
  - Gibt es Legacy-Systeme, welche zeitnah abgelöst werden sollen?
  - Wie können Risiken in der IT-Architektur identifiziert und bewertet werden?
  - Wie ist der Stand der einzelnen Systeme im Unternehmen?
  - Gibt es Schatten-IT?
- IT-Sicherheit und Disaster Recovery Management: Erfragen Sie durchgeführte Business-Impact-Analysen (BIA). Nehmen Sie Einsicht in das Notfallmanagement und das Wiederanlaufkonzept. Überprüfen Sie Notfalltestprotokolle und Wiederanlauftests.
  - Wurde eine Business-Impact-Analyse durchgeführt?
  - Gibt es ein BCM?
  - Wird der Schutzbedarf betrachtet?

  - Gibt es IT-Sicherheitskonzepte und IT-Notfall- sowie Wiederherstellungspläne?
  - Welche Verantwortlichkeiten bestehen für die IT-Sicherheit und für den IT-Notfall?
  - Welche Sicherheitsmaßnahmen sind implementiert? Gibt es regelmäßige Schwachstellenscans oder Penetrationstests?
  - Gibt es einen Alarmierungs- und Eskalationsprozess?
  - Werden Notfälle regelmäßig getestet, Tests protokolliert, Abweichungen dokumentiert und abgebaut?

- IT-Infrastruktur und IT-Betrieb: Nehmen Sie Einsicht in IT-Infrastrukturpläne, Hardware- und Softwareinventarlisten und Patchübersichten. Lassen Sie sich Monitoring- und Ticketsysteme zeigen. Begehen Sie die vorhandenen Serverräume, Technik- und Netzwerkräume sowie Rechenzentren[65].

  - Welche wesentlichen IT-Komponenten sind im Einsatz? Welchen aktuellen Zustand haben diese (Version, Update-/Patchstatus)? Wie ist deren Verfügbarkeit? Wer ist für diese verantwortlich (Betrieb und Support)?
  - Welche Lizenzierungen gibt es und wie sind diese zusammengestellt?
  - Welche Endgeräte sind im Unternehmen im Einsatz? Wie werden diese gemanagt?
  - Gibt es ein Rechenzentrum/Serverräume? Wie werden diese betreut und kontrolliert?
  - Wie ist das IT-Netzwerk aufgebaut? Gibt es eine einsehbare Netzwerktopologie?
  - Wie erfolgen Datensicherungen?
  - Gibt es Monitoringsysteme?
  - Wie erfolgt die Lagerung von Ersatzgeräten?

- Stammdatenmanagement: Erfragen Sie, wo Stammdaten im Unternehmen lokalisiert sind und wer für diese zuständig ist.

  - Wo liegen Stammdaten und wie werden diese bearbeitet und kontrolliert?

[65] Bei externen Rechenzentren: Lassen Sie sich vorhandene Zertifizierungen zeigen. Nutzen Sie ggf. zusammen mit Ihrem Mandanten Audit-Rechte.

- Gibt es Anwendungen zur Kontrolle der Stammdaten (bspw. MDM)?

- Softwareentwicklung: Nehmen Sie Einsicht in die Softwareentwicklung des Unternehmens und stimmen Sie diese mit den vorhandenen/regulatorischen Vorgaben ab.

  - Erfolgen Softwareentwicklungen? Welche Regelungen gibt es für die Softwareentwicklung?
  - Welche Anforderungen gibt es für Lasten-/Pflichtenhefte, Testmanagement, Quellcode?
  - Wie werden Softwareentwicklungen dokumentiert und kontrolliert?

Finanzen:

Die Analyse der Finanzsituation der IT-Abteilung dient dazu, die Kostenstruktur, die Budgets und Investitionen zu bewerten. Es ist wichtig zu wissen, wie viel Budget für IT-Projekte und den laufenden Betrieb zur Verfügung steht und wie effizient dieses Budget genutzt wird. Eine solide Finanzanalyse ermöglicht es dem Unternehmen, Budgets besser zu planen und Investitionen gezielt auf geschäftskritische Bereiche auszurichten.

- Optimale Kostenstruktur: Lassen Sie sich die Kostenverteilung der einzelnen IT-Bereiche geben.

  - Gibt es ein Kostenmanagement für die IT?
  - Welche Kostentreiber existieren in der IT?

- IT-Controlling: Nehmen Sie Einsicht in das Reporting und die Kennzahlen der IT. Lassen Sie sich hierzu Protokolle von Gesprächen mit der Geschäftsführung und Investitionspläne geben.

  - Gibt es Kennzahlen in der IT?
  - Gibt es hinsichtlich der Finanzen Monitoring- und Reporting-Systeme?
  - Gibt es eine Übersicht über die Kosten der IT-Prozesse?

- Compliance: Nehmen Sie Einsicht in die gesetzlichen und externen Anforderungen an die IT[66] und überprüfen Sie deren Umsetzung in den einzelnen Bereichen (bspw. GDPdU-Abzug, Datenschutz-/Hinweisgebersystem). Erfragen Sie Haftungsbedingungen.
  - Sind Compliance-Anforderungen an die IT erhoben und umgesetzt? Wie werden diese kontrolliert?

Die IST-Analyse für die IT-Strategie erinnert sehr stark an die IT-Prüfungsthemen. Es ist daher möglich auch auf andere Standards oder Frameworks zurückzugreifen und dies für die IST-Analyse zu nutzen[67].

Als Ergebnis dieser Analyse ergeben sich Handlungsfelder, die die IT-Strategie mit aufnehmen sollte.

4.1.3 Schritt 2: Herausforderungen – Ableitung der Maßnahmen aus Unternehmensstrategie, Geschäftsprozessen und Fachbereichen

Nachdem im ersten Schritt ein umfassender Überblick über den aktuellen Stand der IT-Organisation und der IT-Prozesse geschaffen wurde, liegt der Fokus nun auf der Ableitung konkreter Maßnahmen für die IT, basierend auf der Unternehmensstrategie und den identifizierten Engpässen der Fachbereiche des Unternehmens.

Dieser Schritt widmet sich zu Beginn einer gründlichen Analyse der Unternehmensstrategie, um gemeinsam mit der Unternehmensführung potenzielle Chancen und Herausforderungen für die IT zu erörtern. Das Resultat dieses Prozesses führt zu der Ausarbeitung einer IT-Vision, die die grundlegende Leitlinie für die Handlungsstrategien der IT skizziert. Im weiteren Verlauf dieses Schrittes wird die Herangehensweise konkreter, indem in enger Kooperation mit den Fachbereichen Engpässe und Herausforderungen der jeweiligen Bereiche analysiert werden, um gezielt nach Optimierungspotenzialen durch den Einsatz von IT-Systemen zu suchen.

66 Vgl. Nestler/Modi (2019), S. 22f.
67 Bspw. COBIT 2019, NIST, BSI-Kompendium

Praxistipp:
Schritt 2: Herausforderungen – Ableitung der Maßnahmen aus Unternehmensstrategie, Geschäftsprozessen und Fachbereichen

Der Wirtschaftsprüfer sollte sich einen detaillierten Überblick über die vorhandene Unternehmensstrategie, die Geschäftsprozesse und die Fachbereiche machen und hier den Einfluss der IT auf diese bzw. die Einflüsse dieser auf die IT analysieren. Aus dieser Analyse lassen sich zusätzlich zur IT-Analyse aus Schritt 1 weitere Maßnahmen identifizieren, die in der IT-Strategie behandelt werden sollten. Dies soll dabei unterstützen, dass die IT-Strategie eine realistische Abhandlung darstellt und kein theoretisches Konstrukt ist.

Mögliche Fragen des Wirtschaftsprüfers bei der Unterstützung des Schrittes 2:

Unternehmensstrategie: Analysieren Sie Unternehmensstrategie, Mission, Vision und Ziele hinsichtlich möglicher IT-Komponenten und interviewen Sie die Geschäftsführung und das Management.

- Welche Unternehmensstrategie hat das Unternehmen? Was lässt sich für die IT ableiten?
- Was sind aktuelle Herausforderungen für das Unternehmen?
- Welche externen/internen Einflussfaktoren gibt es?

Geschäftsprozesse: Lassen Sie sich eine Übersicht der Geschäftsprozesse geben und analysieren Sie den Einfluss der IT auf diese.

- Welche Geschäftsprozesse gibt es? Wie ist die IT mit diesen verknüpft?
- In welchen Geschäftsprozessen sollte die Rolle der IT reduziert/verstärkt werden?

Fachbereiche: Interviewen Sie die Fachbereiche und identifizieren Sie die IT und zugehörige Engpässe und Schwachstellen.

- Wo greift der Fachbereich auf IT zurück (Hardware und Software)?
- In welchen Bereichen gibt es Probleme? Gibt es Themen, die der Fachbereich mit IT gelöst haben möchte?
- Wie erfolgt die Zusammenarbeit zwischen IT und Fachbereich?

Es besteht die Möglichkeit, in diesem Schritt die **IT-Vision**[68] zu definieren. Sie beruht auf den in den Schritten 1 und 2 identifizierten Themen (Frage: Wo wollen wir hin?).

Beispiele IT-Vision:

- Nahtlose Innovation durch vorausschauende Technologieintegration
- Digitale Transformation durch innovative Technologien und strategische Synergien
- Cloud-getriebene Evolution für flexible Skalierbarkeit und globale Konnektivität

4.2 Strategie-Entwurf

Nachdem die IT in den Schritten 1 und 2 umfassend analysiert wurde, muss für die Bereiche Applikation, Sourcing und IT-Organisation die entsprechende Strategie definiert werden.

Hinweis:
Beim Strategie-Entwurf sollten bereits klare Ziele der IT definiert werden und an diese die entsprechenden Maßnahmen geknüpft werden.

4.2.1 Schritt 3: Applikationsstrategie – Erarbeitung der Applikations-Roadmap

In Schritt 3 werden unter Zusammenarbeit mit der Unternehmensführung und den Fachbereichen Analysen und Bewertungen der bestehenden Applikationslandschaft durchgeführt und in ein angestrebtes Applikationsportfolio überführt. Ziel dieses Schrittes ist es, zu definieren, welche IT-Leistungen und Services erforderlich sind, um die Unternehmens- und Fachbereichsziele bestmöglich zu unterstützen. Abschließend wird eine Applikations-Roadmap erstellt, um diesen Prozess zu veranschaulichen.

68 Siehe Kapitel 3.2 für die Einordnung der IT-Vision

Viele Unternehmen haben das Problem, dass sie 100 bis 1000 Applikationen von unterschiedlichem Reifegrad im Einsatz haben. Eine Übersicht über alle vorhandenen Applikationen und deren Wirkung auf das Unternehmen wird zum Teil gesetzlich vorgeschrieben, viele Unternehmen können dies jedoch aufgrund von Anzahl und Komplexität oftmals nicht praktisch umsetzen.[69]

Praxistipp:
Schritt 3: Applikationsstrategie – Erarbeitung der Applikations-Roadmap

Die Applikationsstrategie bildet einen wichtigen Teilbereich einer IT-Strategie. Neben der Erstellung des angestrebten Applikationsportfolios und der Planung von Implementierung bzw. Änderungen der Applikationen über die Applikations-Roadmap wird hier ein entscheidender Meilenstein für die Planung und zukünftige Ausrichtung der Unternehmens-IT gesetzt. Es sollte jedoch beachtet werden, dass hinter diesem Schritt wichtige technische Entscheidungen in Bezug auf die IT-Architektur und die Feinabstimmung der IT stehen. Die IT-Architektur ist von großer Bedeutung, da sie die Basis für die Umsetzung der Applikationsstrategie bildet und sicherstellt, dass IT-Lösungen effizient, skalierbar und kompatibel sind, um die Geschäftsziele zu unterstützen.

Mögliche Fragen des Wirtschaftsprüfers bei der Unterstützung des Schrittes 3:

Applikationsportfolio: Auf Interviewbasis mit der IT und den Fachbereichen sollte eine Übersicht der vorhandenen Applikationen im Unternehmen erfolgen. Viele Unternehmen verfügen auch über Inventursysteme, in denen alle Applikationen und ihr Status aufgelistet sind.

– Welche Applikationen sind im Unternehmen vorhanden?

[69] Zu viele Anwendungsprogramme im Unternehmen können zu einem Versagen vorhandener (Ziel-)Messgrößen führen, zu Problemen bei Betrieb, Support und Kontrolle von Anwendungen, zu unzusammenhängenden und doppelten Daten, zu allgemeiner Software- und Prozessineffizienz.

- Gibt es Schatten-Applikationen[70]?
- Welchen Status haben die Applikationen (Betrieb und Status im Lebenszyklus[71])?
- Gibt es Altsysteme? Wurden diese abgelöst, wenn ja, wie erfolgte dies?
- Welche Maßnahmen können von den Analysen der einzelnen Applikationen abgeleitet werden?

Basierend auf dieser Analyse kann eine Roadmap für die Applikationen erstellt werden.

4.2.2 Schritt 4: Sourcing-Strategie – Erarbeitung der Sourcing-Roadmap

Nachdem die Roadmap für die zukünftige Applikationslandschaft festgelegt wurde (Schritt 3), ist die Entscheidung notwendig, wer für den Betrieb dieser Applikationen und der dazu erforderlichen IT-Infrastruktur verantwortlich sein wird. Die Antwort darauf wird durch die Entwicklung einer Sourcing-Strategie ermittelt. Diese Strategie bildet nicht nur einen wesentlichen Baustein der IT-Strategie, sondern hat auch signifikanten Einfluss auf die IT-Organisation. Hierbei wird festgelegt, welche Ressourcen intern gehalten und welche extern bezogen werden sollen.

Praxistipp:
Schritt 4: Sourcing-Strategie – Erarbeitung der Sourcing-Roadmap

Die Analyse der potenziellen Sourcing-Strategien ist ein wichtiger Schritt in der Erstellung der IT-Strategie. Dieser Ansatz zielt nicht nur darauf ab, Kosten einzusparen, sondern ermöglicht auch eine möglicherweise verbesserte Betreuung der IT durch externe Dienstleister. Dieser Schritt baut auf den Erkenntnissen der vorangegangenen drei Schritte auf, um die besten Methoden für das Sourcing zu identifizieren. Indem man die richtige Sourcing-Strategie wählt,

70 Applikationen, die nicht durch den Fachbereich eingeführt und betreut werden.

71 Lebenszyklusstufen nach Johanning (2019), S. 148: Entwicklung – Einführung – Wachstum – Sättigung/Reife – Rückgang – Abschaffung

können Synergien zwischen internen und externen Ressourcen geschaffen werden, um die Effizienz zu steigern und eine optimale Servicebereitstellung sicherzustellen.[72]

Mögliche Fragen des Wirtschaftsprüfers bei der Unterstützung des Schrittes 4:

- Welche Sourcing-Strategien bestehen bereits? Gibt es hier Handlungsbedarf?
- Welche Bereiche der IT sind bereits ausgelagert? Gibt es hier Handlungsbedarf?
- Welche IT-Services, IT-Infrastrukturen, Applikationen, Geschäftsprozesse können ausgelagert werden? Ist dies wirtschaftlich?
- Wie können diese Sourcing-Strategien betrieben und kontrolliert werden (Sourcing-Governance)?

4.2.3 Schritt 5: IT-Organisation – Maßnahmen zur Anpassung der intern verbliebenen IT

Nachdem in Schritt 4 definiert wurde, welche Ressourcen basierend auf Make-or-buy-Entscheidungen entweder ausgelagert oder intern verwaltet werden, ergibt sich in Schritt 5 die Möglichkeit zur Anpassung der IT-Organisation und der IT-Governance-Struktur. Dabei steht im Zentrum, die erforderlichen Rahmenbedingungen für eine optimale Unterstützung der intern verbleibenden IT-Dienstleistungen zu schaffen. Es erfolgen Überlegungen zu den Rollen und Verantwortlichkeiten, zu den Schnittstellen sowohl innerhalb der IT als auch zum Fachbereich sowie zwischen Demand und Supply, einschließlich der Beziehung zu den externen Stakeholdern. Dieser Schritt zielt darauf ab, eine effektive Struktur zu schaffen, die eine enge Zusammenarbeit und ein reibungsloses Funktionieren der IT-Abläufe gewährleistet.

[72] Vgl. Johanning (2019), S. 156. Johanning verweist auf die Nutzung einer SWOT-Analyse für die Sourcing-Strategie.

Praxistipp:
Schritt 5: IT-Organisation – Maßnahmen zur Anpassung der intern verbliebenen IT

Die Gestaltung und Struktur der IT-Organisation kann als das Kernstück der IT angesehen werden. Die Art und Weise, wie die IT sich intern organisiert und in Beziehung zu Kunden, den Fachbereichen, sowie externen Stakeholdern, wie Lieferanten oder Providern, aufstellt, ist von großer Bedeutung. Durch die genaue Untersuchung des Demand/Supply-Konzepts wird das Organisationsmodell analysiert, das dazu beitragen kann, das Business-IT-Alignment zu optimieren.

Mögliche Fragen des Wirtschaftsprüfers bei der Unterstützung des Schrittes 5:

- Welche Organisationsform ist für das Unternehmen zu bevorzugen?
- Welche Demand/Supply-Struktur sollte das Unternehmen umsetzen?
- Welche Rolle hat die IT momentan und wo sollte sie in 5 Jahren stehen? Was ist dazu notwendig?
- Welche Rolle spielen in diesem Zusammenhang das IT-Management und die IT-Qualitätsstellen?
- Welche Änderung ist hinsichtlich des IT-Personal notwendig?

4.3 Strategie-Umsetzung

Die Strategie-Umsetzung umfasst die wirkliche Erstellung des IT-Strategie-Dokuments und die zugehörigen Planungstools. Hierbei sollte darauf geachtet werden, dass das IT-Strategie-Dokument in einem Dokumenten-Lebenszyklus[73] eingefasst wird.

Johanning (2019) zeigt die Einordnung der IT-Strategie in folgender Pyramide (siehe Abb. 4.3). Hierbei sind die zwei wichtigsten Umsetzungsgrundlagen der IT-Strategie, die IT-Roadmap und das IT-Strategiecockpit, dargestellt. Sie unterstützen die IT-Strategie und damit auch die IT-Vision auf operativer Ebene und machen die IT-Strategie somit umsetzbar bzw. für das Unternehmen lebbar.

[73] Siehe hierfür die Ausführungen des Werks „IT-Dokumentation" von Nestler/Fischer (2021)

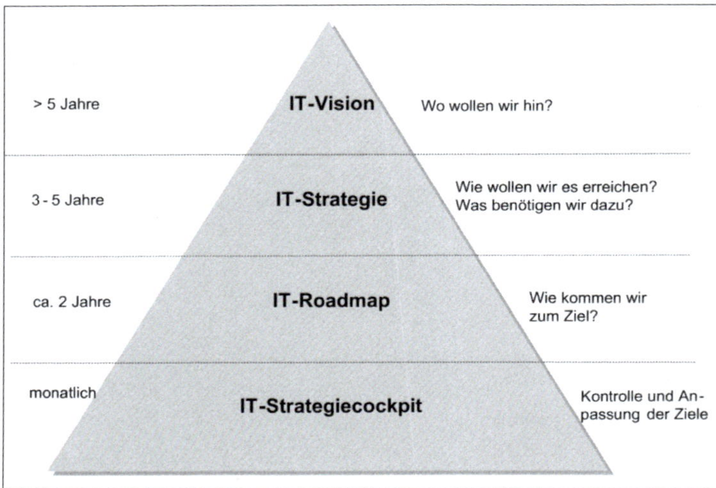

Abb. 4.3 IT-Vision, IT-Strategie, IT-Roadmap und IT-Strategiecockpit[74]

Beispiel

Beispiele für Formulierungen im Dreieck:

Strategische Planung	Beispiel
IT-Vision	Die IT-Vision besteht darin, durch innovative Technologien und nahtlose Integration Geschäftsprozesse zu optimieren und den Kunden ein erstklassiges digitales Erlebnis zu bieten.
IT-Strategie	Es soll eine Cloud-first-Strategie verfolgt werden, um Skalierbarkeit und Flexibilität zu gewährleisten. Zudem wird in Schulungen investiert, um das Team für zukünftige Technologien zu stärken.
IT-Roadmap	Q1: Implementierung einer neuen Cloud-Infrastruktur, Q2: Einführung einer kundenzentrierten App, Q3: Umstellung auf DevOps-Praktiken für schnellere Bereitstellungen.
IT-Strategie-cockpit	KPIs: Durchschnittliche Reaktionszeit des Kundensupports, Serverauslastung, Anzahl der erfolgreichen Implementierungen pro Quartal

Tab. 4.2 Beispiele für IT-Vision, IT-Strategie, IT-Roadmap, IT-Strategiecockpit

[74] Johanning (2019), S.116

4.3.1 Schritt 6: Umsetzung – Umsetzung der IT-Strategie in Form der IT-Roadmap, des IT-Budgets und des Projektportfolios

Im sechsten Schritt erfolgt die praktische Umsetzung der IT-Strategie. Nach der Definition der Applikationsstrategie und der Entscheidung über die durchzuführende Sourcing-Strategie, wurde die IT-Organisation überprüft und ggf. neu ausgerichtet, einschließlich der Anpassung von unternehmensinternen Governance-Strukturen. Auf dieser Grundlage erfolgt die Umsetzung der IT-Strategie im Detail.

In den drei aufeinander folgenden Schritten wird die IT-Strategie umgesetzt[75]:

- Erstellung einer Roadmap: Diese Roadmap skizziert den Zeitraum von ungefähr 2–3 Jahren und zeigt, welche Maßnahmen und konkreten Projekte in der IT umgesetzt werden müssen, um die IT-Strategie zu erfüllen.
- Budgetermittlung und Genehmigung: Hierbei wird das benötigte Budget für die Maßnahmen und Projekte ermittelt und anschließend durch das Management freigegeben.
- Erstellung oder Anpassung des IT-Projektportfolios: Dies gewährleistet, dass während der Umsetzung regelmäßig überprüft werden kann, ob alle Projekte wirtschaftlich sind und den Zielen der IT-Strategie entsprechen.

Diese Umsetzungsschritte stellen sicher, dass die IT-Strategie schrittweise in der Praxis umgesetzt wird, wodurch die gewünschten Ergebnisse erzielt werden können.

Praxistipp:
Schritt 6: Umsetzung – Umsetzung der IT-Strategie in Form der IT-Roadmap, des IT-Budgets und des Projektportfolios

Die Erarbeitung der Roadmap vereint die zuvor getroffenen Beurteilungen und Maßnahmen in einer verständlichen Darstellung. Dadurch wird aufgezeigt, welche Maßnahmen und Projekte zur Umsetzung der

75 Vgl. Johanning (2019), S. 241

IT-Strategie gehören und wie die Aufgabenpakete inkl. zugehöriger Verantwortlichkeiten gestaltet werden. Die Roadmap dokumentiert zeitliche Zusammenhänge und Abhängigkeiten zwischen Maßnahmen und Projekten transparent und reduziert die Komplexität. Ein wichtiger Schritt ist die folgende Budgetierung und Vorbereitung zur Präsentation im Management, um die Freigabe des 3–5-Jahres-Plans zu erreichen. Nach erfolgter Freigabe kann das Projektportfolio als Steuerungsinstrument verwendet werden, um die Projekte unter unterschiedlichen strategischen Kontexten zu überwachen und zu lenken.

Mögliche Fragen des Wirtschaftsprüfers bei der Unterstützung des Schrittes 6:

IT-Roadmap: Die IT-Roadmap dient als Leitfaden für die Projekte und Maßnahmen auf dem Weg zur vollständigen Umsetzung der IT-Strategie. Die Roadmap stellt dabei die geplanten Maßnahmen über einen Zeitraum von ungefähr 3–5 Jahren dar. Sie spielt auch eine wichtige Rolle bei der angemessenen Priorisierung und unterstützt so, den Fokus zu bewahren und die Umsetzung der IT-Strategie erfolgreich voranzutreiben. Die einzelnen Maßnahmen der Roadmap basieren auf den Ergebnissen der vorherigen Schritte und müssen in Schritt 6 basierend auf einer SOLL-IST-Analyse zusammengefasst werden. Abhängigkeiten der einzelnen Maßnahmen untereinander müssen hierbei Betrachtung finden.

- Welche Maßnahmen konnten aus den Schritten 1 bis 5 zusammengetragen werden?
- Gibt es Potenziale und Synergien zwischen den Maßnahmen?
- Welche Maßnahmen sollten wann umgesetzt werden? (Erstellung eines Zeitstrahls oder eines Netzdiagramms)
- Können aus zusammengehörenden Maßnahmen Projekte zusammengestellt werden?
- Wer ist für die Erstellung der Roadmap verantwortlich? Welche Bereiche der IT werden mit einbezogen? Wird der Fachbereich mit integriert?

IT-Budget: Für die identifizierten Maßnahmen müssen nun entsprechende Kostenschätzungen vorgenommen werden. Dieses Budget muss entsprechend von der Geschäftsführung freigegeben werden.

- Welche Investitionen sollen umgesetzt werden (basierend auf den Maßnahmen und Projekten)?
- Welche Kostenentwicklung ist für die laufende IT und für die Investitionen geplant? Können Maßnahmen/Projekte geschoben werden (aufgrund erhöhter Kosten)?
- Gibt es Einsparungspotenziale?
- Werden die Investitionen durch die Geschäftsführung freigegeben? Gibt es hierfür einen Prozess?

Projektportfolio: Das IT-Projektportfolio umfasst sämtliche gegenwärtig laufenden und geplanten IT-Projekte eines Unternehmens, einer Abteilung oder Geschäftseinheit. Es wird genutzt, um Analysen, Lenkung und Leitung basierend auf finanziellen und/oder strategischen Aspekten zu ermöglichen. Das Projektportfoliomanagement ist ein zentrales Steuerungsinstrument im Bereich des IT-Managements.

- Gibt es ein (IT-)Projektportfoliomanagement? Wer ist für dieses verantwortlich? Wie ist es im IT-Bereich integriert?
- Sind die Maßnahmen und die daraus entwickelten Projekte in diesem Projektportfoliomanagement implementiert?
- Wie wird das Projektportfoliomanagement überwacht?
- Wird das (IT-)Projektportfoliomanagement durch das Management unterstützt?

4.3.2 Schritt 7: Cockpit – Überwachung der IT-Strategie mit dem IT-Strategiecockpit

Zusätzlich zu den aus den ersten fünf Schritten abgeleiteten Maßnahmen, ihrer Einbindung in eine IT-Roadmap und der Bewertung der IT-Projekte im Portfolio in Schritt 6, erfolgt in Schritt 7 die Konzeption eines IT-Strategiecockpits. Dadurch wird die Möglichkeit geschaffen, jederzeit die Kontrolle über die in der Roadmap festgelegten Maßnahmen zu behalten[76].

[76] Johanning (2019) gibt die Balanced Scorecard als Tool vor. Andere Methoden wären bspw. KPI oder ROI.

Praxistipp:
Schritt 7: Cockpit – Überwachung der IT-Strategie mit dem IT-Strategiecockpit

Nachdem die IT-Strategie erstellt wurde, ist es wichtig, die Maßnahmen in Form von Projekten regelmäßig zu überprüfen und ggf. anzupassen.[77]

Wichtig ist hierbei gemeinsam mit den relevanten Stakeholdern (insbesondere Management und Geschäftsführung) die Ergebnisse der IT-Strategie (in Form der Maßnahmen) zu besprechen und wesentliche Elemente zu extrahieren. Dies sollte in Form von Zielen ausformuliert werden.

Fragen des Wirtschaftsprüfers bei der Unterstützung des Schrittes 7:

- Welche Kennziffern sind mit den einzelnen Maßnahmen verknüpft? (siehe Kapitel 6)
- Welche Sollgrößen sind definiert?
- Wer ist für welche Kennziffer verantwortlich?
- Was passiert bei Abweichungen?
- Wie sind die Stakeholder integriert?
- Gibt es einen Kommunikationsplan, um die IT-Strategie intern und extern zu kommunizieren?
- Wurden Maßnahmen zum Veränderungsmanagement implementiert, um Akzeptanz und Umsetzung der Strategie zu fördern?

Um sicherzustellen, dass die IT-Strategie eines Unternehmens kontinuierlich den geschäftlichen Anforderungen gerecht wird, spielen Überwachung und anlassbezogene Anpassung eine wichtige Rolle. Als Wirtschaftsprüfer können Sie Unternehmen bei diesem Prozess unterstützen, indem Sie folgende Aspekte beachten:

- Implementierung von Monitoring-Mechanismen: Empfehlen Sie dem Unternehmen, Monitoring-Mechanismen zu etablieren, um regelmäßig die Leistung der Maßnahmen der IT-Strategie zu

[77] Im Sinne eines KVP

messen. Diese Mechanismen sollten quantitative und qualitative Indikatoren umfassen, die mit den Zielen der IT-Strategie in Verbindung stehen. Durch die Einrichtung von regelmäßigen Bewertungszyklen ist der Fortschritt einsehbar und messbar, es können frühzeitig potenzielle Abweichungen identifiziert werden.

- Flexibles Anpassen der IT-Strategie: Betonen Sie die Notwendigkeit, dass die IT-Strategie agil genug sein sollte, um sich verändernden Geschäftsanforderungen anzupassen. Die Implementierung flexibler Prozesse und Verfahren ermöglichen dem Unternehmen, rasch auf neue Chancen und Herausforderungen zu reagieren. Dies erfordert die Einbindung von Entscheidungsträgern aus der IT und dem Top-Management, um schnelle Anpassungen zu ermöglichen.
- Kontinuierliche Verbesserung basierend auf Erkenntnissen (KVP): Unterstützen Sie das Unternehmen dabei, eine Kultur der kontinuierlichen Verbesserung der IT-Strategie zu etablieren. Analysieren Sie gemeinsam mit dem Unternehmen die Ergebnisse der Monitoring-Mechanismen und nutzen Sie diese Erkenntnisse, um Schwachstellen und Verbesserungspotenziale zu identifizieren. Durch regelmäßige Reflexion und Anpassung kann die IT-Strategie optimiert werden.
- Best Practices und Benchmarks: Helfen Sie dem Unternehmen dabei, Best Practices und Benchmarks zu identifizieren. Dies ermöglicht einen Vergleich mit anderen Unternehmen in der Branche und dient als Orientierung für die eigene Performance. Empfehlen Sie, kontinuierlich zu evaluieren, wie die IT-Strategie im Vergleich zur Konkurrenz abschneidet, um daraus Ableitungen für Anpassungen zu treffen.
- Einbindung der Unternehmensführung: Erläutern Sie die Rolle der Unternehmensführung bei der kontinuierlichen Überwachung und Anpassung der IT-Strategie. Regelmäßige Reviews der Strategie auf Managementebene sind genauso wichtig wie die Integration von Qualitätssicherungsinstanzen in den Reviewprozess. Dies stellt sicher, dass die IT-Strategie stets auf die Unternehmensziele ausgerichtet ist.

Die regelmäßige Überprüfung der IT-Strategie (einmal jährlich) ist ein wichtiger Schritt in der nachhaltigen Erstellung einer IT-Strategie. Aufgrund der dynamischen Entwicklung externer Faktoren kann es oftmals schnell zu veralteten Maßnahmen im Rahmen der IT-Strategie kommen. Diese sollte daher regelmäßig überprüft werden.[78]

Hinweis:
Zur Überwachung der IT-Strategie bietet sich der Deming-Cycle (PDCA-Zyklus) an.

Die Erarbeitung eines Strategiecockpits kann den Beginn für eine angemessene Überwachung und Steuerung der in der IT-Strategie getroffenen Maßnahmen darstellen. Dieses Cockpit ist ein Instrument zur Visualisierung und Messung der Zielerreichung und der Leistungsindikatoren. Die stetige Überwachung der festgelegten Maßnahmen unterstützt dabei, den Fortschritt der Maßnahmen zu verfolgen und zusätzlich notwendige Anpassungen auszuführen. In diesem Zusammenhang spielt auch das Reifegradmodell eine wichtige Rolle, da es eine strukturierte Bewertung des Entwicklungsstands der IT-Strategie und deren Umsetzung ermöglicht. Es schafft eine mögliche Basis, um Optionen für kontinuierliche Verbesserungen zu identifizieren und den strategischen Reifegrad des Unternehmens zu erhöhen (siehe Abb. 4.4).

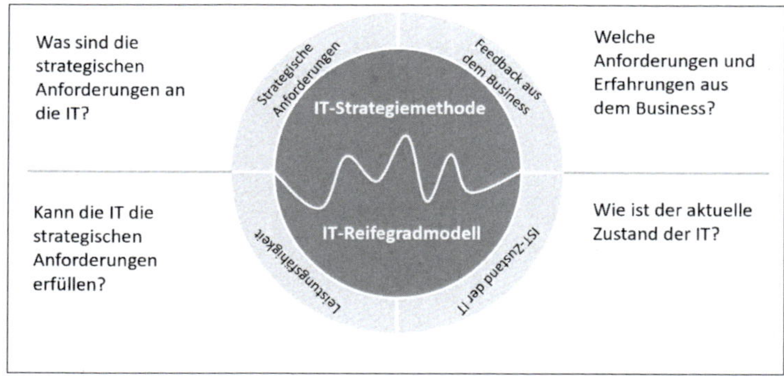

Abb. 4.4 IT-Strategiemethode und IT-Reifegrad[79]

[78] Vgl. Bertha (2023)
[79] Vgl. Mangiapane/Büchler (2014), S. 5

5 Empfohlene und optionale Inhalte einer IT-Strategie

Dieses Kapitel beschäftigt sich mit den empfohlenen und optionalen Inhalten, die eine IT-Strategie beinhalten sollte. Die dargestellten Inhalte sind eng miteinander verknüpft und sollten in einer IT-Strategie ganzheitlich berücksichtigt werden, um sicherzustellen, dass die IT die geschäftlichen Ziele effektiv unterstützt.[80]

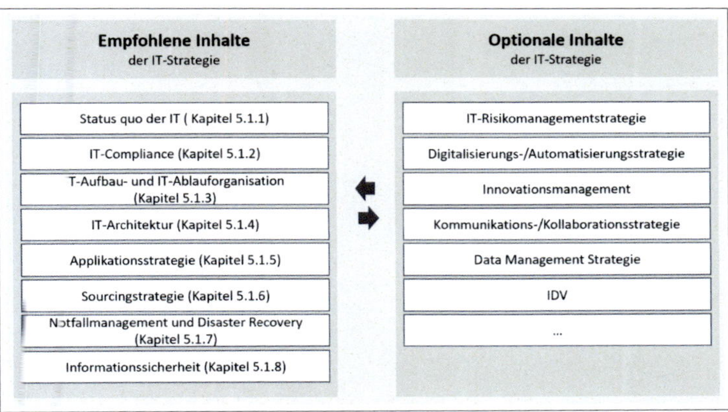

Abb. 5.1 Übersicht empfohlene und optionale Inhalte der IT-Strategie[81]

Hinweis:
Die im Folgenden dargestellten empfohlenen und optionalen Inhalte sind Vorschläge und basieren auf den vorgestellten Anforderungen (Kapitel 3.4), den Kernaspekten der Erstellung nach Johanning (2019) (Kapitel 4) und der Branchenerfahrung der Autoren. Es ist wichtig, bei jeder Prüfung der IT-Strategie genau die Unternehmensstrategie, die vorhandenen gesetzlichen und regulatorischen Grundlagen sowie externen Einflüsse (bspw. Cyberrisiken) und die Stakeholderanforderungen zu analysieren, um die Angemessenheit der Strategie bewerten zu können.

80 Dies bedeutet nicht, dass das Unternehmen die Inhalte ins Detail so übernehmen muss, eine Verknüpfung der Themen ist, abhängig vom Unternehmen, möglich.

81 Abbildung selbst erstellt

Vor Erstellung der IT-Strategie sollte das in Kapitel 4 beschriebene Vorgehen benutzt werden, um ggf. weitere relevante Inhalte aufgrund von Handlungsmaßnahmen zu identifizieren und in die IT-Strategie zu inkludieren.

5.1 Empfohlene Inhalte der IT-Strategie

Jedes Unternehmen muss seine IT-Strategie selbst erstellen[82]. Dabei empfehlen wir jedoch folgende Inhalte in der IT-Strategie zu berücksichtigen. Hierbei sollten die Ziele, sowie Maßnahmen, um diese zu erreichen, nachvollziehbar definiert werden.

Hinweis:
Regulatorische Vorgaben, wie die VAIT, enthalten teils Anforderungen an die Mindestinhalte der IT-Strategie. Eine Übersicht über regulatorische Vorgaben an die IT-Strategie ist im Kapitel 3.4 dargestellt.

Mögliche messbare Ziele für die empfohlenen Inhalte werden im Kapitel 6 genauer beschrieben.

5.1.1 Status quo der IT – Umfangreiches IT-Assessment zur Feststellung des IST-Standes der IT und Identifikation signifikanter Handlungsmaßnahmen

Status quo der IT	
Ziel	Ziel der Status-quo-Betrachtung ist es, eine Bestandsaufnahme und ein IT-Assessment der aktuellen IT-Landschaft durchzuführen, um Schwachstellen und Optimierungsmaßnahmen festzustellen („Red-/Green-Flagging“).
Fokus	Aufnahme und Bewertung der kompletten IT im Unternehmen
Mögliche Aspekte im IT-Strategiedokument	– IT-Prozesse – IT-Governance, IT-Organisation und IT-Mitarbeiter – Technologie – Finanzen

Tab. 5.1 Empfohlener Inhalt: Status quo der IT

[82] Unterstützung in Form von Vorlagen durch einen externen Berater oder einen beratenden Wirtschaftsprüfer kann empfohlen werden, jedoch sollte von fertigen IT-Strategien abgesehen werden.

Im einleitenden Abschnitt der IT-Strategie sollte eine prägnante Darstellung des aktuellen Zustands der IT aufgeführt werden.[83] Diese Darstellung zielt darauf ab, Führungsebenen und Qualitätsbeauftragten einen erforderlichen Überblick über die verschiedenen Teilbereiche der IT zu vermitteln. Zusätzlich kann in diesem Zusammenhang eine Übersicht der zentralen Handlungsmaßnahmen und Verbesserungsmaßnahmen gegeben werden, welche in den folgenden Abschnitten weiter vertieft werden.[84]

Beispiel

Das Unternehmen hat Server mit veralteten Betriebssystemen im Einsatz und steht nun vor der Entscheidung das Rechenzentrum selbst weiter zu betreiben und alle Server upzudaten oder in die Cloud zu ziehen. Dies Entscheidung hat Einfluss auf die IT-Prozesse (u.a. Patchmanagement), die IT-Governance (u.a. Dienstleisterüberwachung anstatt Durchführung eigener Kontrollen), die Technologie (u.a. Cloud oder remote) sowie die Finanzen (u.a. neue Server oder Kosten des Servicevertrags). Dieser Zustand sollte in der IT-Strategie dargestellt werden und die Umsetzung sollte als IT-Projekt durchgeführt werden.

Themenbereich	Abweichung	Maßnahme
IT-Prozesse	IT-Prozesse sind unstrukturiert und fehlerhaft oder ineffizient.	Analyse der vorhandenen IT-Prozesse, Optimierung der IT-Prozesse, Aufbau einer IT-Prozesslandkarte.
IT-Governance, IT-Organisation und IT-Mitarbeiter	Vorhandene IT-Dienstleister erfüllen nicht die vertraglich abgestimmten SLAs.	Abstimmung mit den Dienstleistern, Monitoring der vereinbarten Leistungen, ggf. Kündigung der Dienstleistung.
Technologie	Eingesetzte selbstentwickelte ERP-Software ist veraltet und es gibt keine Mitarbeiter, die diese Software noch angemessen betreuen können.	Einführung eines Standard-ERP-Systems und Migration der Altdaten.

83 Vgl. Albayrak/Gadatsch (2012), S. 82, 88

84 Für eine detaillierte Erläuterung der einzelnen Bereiche wird auf Kapitel 4.1.2 verwiesen.

Themenbereich	Abweichung	Maßnahme
Finanzen	Es gibt keine klare Transparenz über die IT-Ausgaben und Budgetüberschreitungen treten regelmäßig auf. Die Kostenallokation auf Projekte und Abteilungen ist undurchsichtig.	Implementierung eines umfassenden IT-Controlling-Systems, das detaillierte Einblicke in die IT-Ausgaben und -Budgets bietet. Dies umfasst die Einführung von Kostenverfolgungswerkzeugen, die regelmäßige Überprüfung und Berichterstattung über IT-Ausgaben, die Klärung der Kostenverantwortlichkeiten und die Implementierung von Kostenzuordnungsverfahren.

Tab. 5.2 Beispielhafte Aufstellung möglicher Abweichungen und Handlungsmaßnahmen im Abschnitt „Status quo der IT“

Praxistipp:
Prüfung des Abschnitts „Status quo der IT“

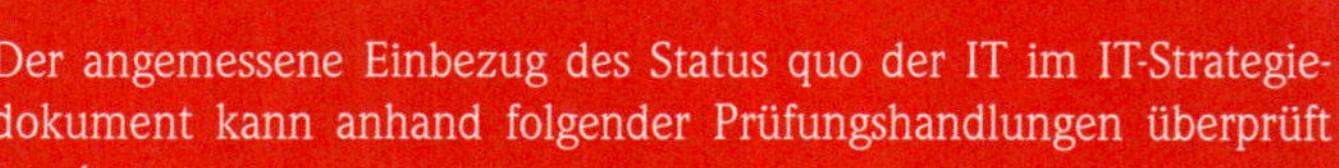

Der angemessene Einbezug des Status quo der IT im IT-Strategiedokument kann anhand folgender Prüfungshandlungen überprüft werden:

- Einblick in die Bestandsaufnahme der IT, wie insbesondere einer Prozesslandkarte, Übersicht der eingesetzten Hard- und Software sowie der IT-Dienstleister und die Budgetplanung für die IT
- Einsichtnahme in die Bewertung der IT und festgelegter Maßnahmen
- Interview mit IT-Verantwortlichen und Geschäftsführung über diese Übersicht

5.1.2 IT-Compliance – Zuordnung der gängigen Standards für die IT

IT-Compliance	
Ziel	Ziel der IT-Compliance-Betrachtung ist es, sicherzustellen, dass die IT-Landschaft im Unternehmen den geltenden gesetzlichen und regulatorischen Anforderungen entspricht.
Fokus	Einhaltung von internen, externen und gesetzlichen Anforderungen

IT-Compliance	
Mögliche Aspekte im IT-Strategie-dokument	– Übersicht geltender und neuer Anforderungen, Betroffenheit der IT und Status der Umsetzung – Ggf. Entwicklung weiterer interner (IT-bezogener) Regelungen – Ggf. Definition von Maßnahmen, um Anforderungen zu erfüllen – Schulungs- und Awareness-Maßnahmen hinsichtlich IT-Compliance

Tab. 5.3 Empfohlener Inhalt: IT-Compliance

In der IT-Strategie kann ein eigener Abschnitt formuliert werden, der sich auf die Einbindung von gesetzlichen und regulatorischen Vorgaben konzentriert. In diesem Zusammenhang ist es für Unternehmen wichtig, die spezifischen gesetzlichen und regulatorischen Anforderungen genau zu erörtern und umfassend deren Einbindung in Unternehmen zu verstehen. Die konkrete operative Umsetzung muss in organisatorischen (bspw. interne Richtlinien und Kontrollen) und/oder technischen Schritten (bspw. Systemumsetzung) erfolgen. Dieser Abschnitt innerhalb der IT-Strategie fungiert als Anleitung, um zu gewährleisten, dass die rechtlichen Anforderungen in den betrieblichen Abläufen angemessen umgesetzt werden.

Für ein Unternehmen gibt es neben den gesetzlichen Pflichtanforderungen auch eine große Auswahl an Standards und Best-Practices an denen es sich orientieren kann. Nachdem ein oder mehrere für das Unternehmen geeignete Standards ausgewählt wurden, sollten die Anforderungen und Ziele aus diesen auf das Unternehmen angepasst werden. Die IT-Strategie sollte die Umsetzung der gängigen Standards auf die IT-Anwendungen und -Prozesse sowie die Darstellung des avisierten Implementierungsumfangs der jeweiligen Standards definieren. Die Verwendung von gängigen Sicherheitsstandards hilft bei der Interaktion und dem Vergleich mit Dritten und erhöht das Vertrauen in die implementierten Prozesse. Besonders wenn sich Unternehmen nicht nur an den Sicherheitsstandards orientieren, sondern sich auch nach diesen zertifizieren lassen, kann dies Vorteile gegenüber Konkurrenten schaffen.

Hinweis:
Im Folgenden werden beispielhaft verschiedene Sicherheitsstandards für die IT und Informationssicherheit aufgeführt.

1. Einer der am häufigsten angewendeten Informationssicherheitsstandards ist die Normenreihe ISO/IEC 27000. Diese ist sehr umfangreich und wird ständig weiterentwickelt. Außer der

Hauptnorm 27001 gibt es die unterstützenden Normen 27002 bis 27007. Sie vertiefen bestimmte Aspekte der Hauptnorm und geben weitere Informationen zur Umsetzung der Norm. Daneben gibt es eine umfangreiche Sammlung von Normen zu branchen- und sektorspezifischen Aspekten sowie zu andern Sicherheitsthemen, wie beispielweise zum Thema Cloud-Computing.

2. Der IT-Grundschutz empfiehlt konkrete Maßnahmen zum Sicherheitsmanagement und umfasst hierbei technische, organisatorische, personelle und infrastrukturelle Aspekte. Der IT-Grundschutz hat sich seit 1994 für alle Branchen als ein schnelles und wirtschaftliches Instrument für Informationssicherheit erwiesen und steht Instituten jeglicher Art und Größen kostenlos zur Verfügung. Daher ist der IT-Grundschutz im deutschsprachigen Raum zu einem Maßstab der Informationssicherheit geworden. Auch Regularien, wie etwa die Mindestanforderungen für das Risikomanagement (MaRisk) der Bundesanstalt für Finanzaufsicht (BaFin), verweisen auf den IT-Grundschutz. Deutsche Behörden verlangen häufig die Einhaltung des IT-Grundschutzes bei Vergabe von Projekten an Dienstleister. Der IT-Grundschutz des Bundesamts für Sicherheit in der Informationstechnik (BSI) ist in die BSI-Standards und die IT-Grundschutz-Kataloge aufgeteilt.
3. COBIT (Control Objectives for Information and Related Technology) ist ein international anerkanntes Rahmenwerk für den Bereich IT-Governance und gliedert die Aufgaben der IT in Prozesse und Control Objectives, im deutschen häufig mit Kontrollzielen gleichgesetzt. COBIT definiert hierbei nicht vorrangig, wie die Anforderungen umzusetzen sind, sondern primär was umzusetzen ist.
4. ITIL (Information Technology Infrastructure Library), ist ein Best-Practice-Leitfaden und der Standard im Bereich IT-Service-Management. In ITIL 4 werden 34 Practices beschrieben. Diese umfassen u.a. Risk Management, Service Desk, Incident Management und Deployment Management.
5. Für kleine und mittelständische Unternehmen wurde eine eigene Richtlinie für die Implementierung eines Informationssicherheitsmanagementsystems (ISMS) entwickelt. Die Richtlinien „VdS 10000 – Informationssicherheitsmanagementsystem für kleine und mittlere Unternehmen (KMU)“ der VdS Schadenverhütung GmbH enthalten Vorgaben und Hilfestellungen für die Implementierung eines ISMS sowie konkrete Maßnahmen für die organisatorische sowie technische Absicherung von IT-

Infrastrukturen. Sie sind speziell für KMU sowie für kleinere und mittlere Organisationen ausgelegt mit der Zielsetzung, ein angemessenes Schutzniveau zu gewährleisten, ohne sie organisatorisch oder finanziell zu überfordern.

6. Für Betreiber kritischer Infrastrukturen (KRITIS) sieht das Bundesamt für Sicherheit in der Informationstechnik eine Registrierung beim BSI vor. Das BSI teilt dem registrierten Unternehmen im Gegenzug sämtliche es betreffende Informationen zu Gefahren für die IT-Sicherheit mit. Die betroffenen Unternehmen müssen dafür sorgen, dass die Systeme, Komponenten und Prozesse ihrer kritischen Infrastruktur organisatorisch und technisch gesichert sind. Hierzu gibt es branchenspezifische Sicherheitsstandards (B3S) deren Eignung durch das Bundesamt für Sicherheit in der Informationstechnik geprüft wurde und welche die KRITIS-Betreiber einhalten müssen.
7. Die Anwendungsregel VDE-AR-E 2802-10-1 bietet Vorgaben zum Zusammenhang zwischen funktionaler Sicherheit und Informationssicherheit am Beispiel der Industrieautomation. Diese Anwendungsregel gibt Empfehlungen zur systematischen Harmonisierung der Themen Informationssicherheit und funktionale Sicherheit für Systeme der Industrieautomation und unterstützt sowohl Hersteller, Integratoren als auch Betreiber in diesem Bereich. Zusätzlich beschreibt die Richtlinie VDI/VDE2182, wie die Informationssicherheit von Automatisierungsgeräten sowie automatisierten Maschinen und Anlagen durch die Umsetzung von konkreten Maßnahmen erreicht werden kann.
8. Der Payment Card Industry Data Security Standard, üblicherweise abgekürzt mit PCI bzw. PCI-DSS, ist ein Regelwerk im Zahlungsverkehr, das sich auf die Abwicklung von Kreditkartentransaktionen bezieht und von allen wichtigen Kreditkartenorganisationen unterstützt wird. Die Regelungen bestehen aus einer Liste von zwölf Anforderungen an die Rechnernetze der Unternehmen. Handelsunternehmen und Dienstleister, die Kreditkarten-Transaktionen speichern, übermitteln, oder abwickeln, müssen die Regelungen erfüllen.
9. Der Standard TISAX (Trusted Information Security Exchange) wird vor allem in der Automobilindustrie verwendet. Er wurde zum Großteil auf der Grundlage des vorher genannten Standards ISO 27001 erstellt.

**Praxistipp:
Prüfung des Abschnittes „IT-Compliance“**

Der angemessene Einbezug der IT-Compliance in das IT-Strategiedokument kann anhand folgender Prüfungshandlungen überprüft werden:

- Einsichtnahme in die Übersicht der vorhandenen internen, externen und gesetzlichen Anforderungen an die IT und speziell des betroffenen Unternehmens.
- Analyse, welche regulatorischen Anforderungen das Unternehmen betreffen. Besonders bei international agierenden Unternehmen sind die Anforderungen oft nicht vollständig dokumentiert.
- Analyse der Anforderungen und Überprüfung, ob diese in Einklang mit internen Richtlinien und Prozessen sind. Identifikation der Anforderungen, welche zukünftig in der IT umgesetzt werden müssen.

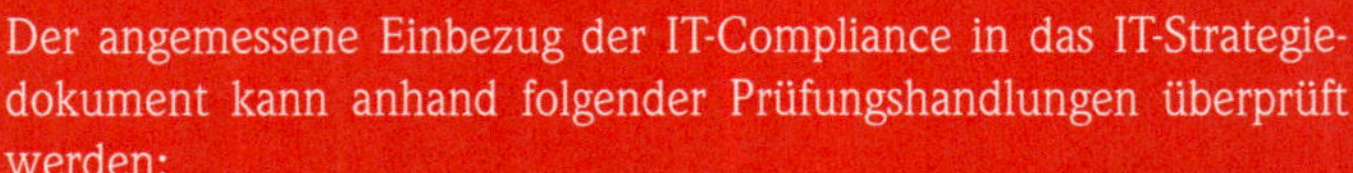

Durch die Vielzahl von Anforderungen und Best Practices können Unternehmen diese häufig nicht vollumfänglich umsetzen. Ein Grund können mangelnde Ressourcen sein.

5.1.3 IT-Aufbau- und IT-Ablauforganisation – Strategische Entwicklung der Organisationsstruktur und Prozesse der IT

IT-Aufbau- und IT-Ablauforganisation	
Ziel	Die IT-Aufbau- und IT-Ablauforganisation hat zum Ziel, Optimierungen der Organisationsstruktur und Prozesse innerhalb der IT-Abteilung vorzunehmen, um die Effizienz und Effektivität dieser zu erhöhen.
Fokus	Entwicklung einer klaren Aufbau- und Ablauforganisation, Definition von Rollen und Verantwortlichkeiten
Mögliche Aspekte im IT-Strategiedokument	– IT-Organisationsstruktur (d.h. Darstellung der organisatorischen Struktur der IT-Abteilung und wie sie sich in die Gesamtorganisation einfügt) – IT-Governance-Struktur (u.a. Rollen und Verantwortlichkeiten, Entscheidungsfindung, Gremien) – Kooperation der Fachbereiche mit der IT-Abteilung – Personalentwicklung und Qualifikation – Anpassungen der IT-Prozesse (bspw. IT-Service- und Supportprozesse) – Anpassung des IT-Qualitätsmanagements

Tab. 5.4 Empfohlener Inhalt: IT-Aufbau- und IT-Ablauforganisation

Die IT-Aufbauorganisation beschäftigt sich mit der Organisationsstruktur der IT-Abteilung und IT-naher Rollen im Unternehmen, einschließlich der Aufteilung von Verantwortlichkeiten und Zuständigkeiten, um sicherzustellen, dass die Ressourcen und das Personal effizient eingesetzt werden. Das Personal in der IT übernimmt wichtige Aufgaben und ist für die Wertschöpfung im Unternehmen ein immer wertvollerer Faktor. Leider zeigt sich in vielen Unternehmen, dass bei den Mitarbeitern in der IT oftmals nicht ausreichend Wert auf eine kontinuierliche Weiterbildung gelegt wird. Viele Mitarbeiter in der IT haben daher entweder einen veralteten Wissensstand oder sind mit neuem Wissen unzureichend ausgestattet. In beiden Fällen können weder die IT insgesamt noch der einzelne Mitarbeiter die vorhandenen Potenziale komplett entfalten. Es sollte festgelegt werden, wie die IT-Funktion optimiert im Unternehmen eingliedert wird und wie die IT in der gesamten Organisationstruktur positioniert wird, um die strategische Bedeutung und die operative Abhängigkeit innerhalb des Unternehmens widerzuspiegeln. Die Berichtslinie des CIO bzw. des IT-Leiters und die Vertretung der IT innerhalb der oberen Führungsebene sollten die Bedeutung der IT innerhalb des Unternehmens widerspiegeln.[85] Eine klare IT-Aufbauorganisation unterstützt dabei, dass die richtigen Mitarbeiter und Teams vorhanden sind, um die IT-Strategie in die Praxis umzusetzen.

Die IT-Ablauforganisation umfasst die Ausgestaltung der IT-Prozesse und -Verfahren, die notwendig sind, um die strategischen Ziele zu erreichen. In einigen Unternehmen besteht die Herausforderung, dass die vorhandenen IT-Prozesse und -Verfahren nur unzureichend definiert oder veraltet sind. Dies kann zu ineffizienten Abläufen führen und die Umsetzung der IT-Strategie beeinflussen (bspw. niedrige Servicequalität und schlechtes Kundenfeedback durch fehlende Prozesse im IT-Servicemanagement). Um diese Herausforderungen abzubauen, ist es notwendig, klare Prozessdefinitionen, -beschreibungen und -verantwortliche zu ermitteln, die den strategischen Zielen entsprechen, und sicherzustellen, dass die vorhandenen Prozesse regelmäßig überprüft und optimiert werden.

85 COBIT (2019), S. 60

Praxistipp:

Prüfung des Abschnittes „IT-Aufbau- und IT-Ablauforganisation“

Bei der Prüfung der strategischen Entwicklung der IT-Aufbau- und Ablauforganisation eines Unternehmens ist es wichtig, die IT-Organisationsstruktur, Governance-Praktiken und IT-Prozesse sorgfältig zu analysieren. Hierbei geht es darum sicherzustellen, dass die IT-Abteilung effektiv in die Unternehmensstruktur integriert ist und klare Verantwortlichkeiten für Entscheidungen sowie Prozesse vorhanden sind.[86]

Der angemessene Einbezug der IT-Aufbau- und IT-Ablauforganisation im IT-Strategiedokument kann anhand folgender Prüfungshandlungen überprüft werden:

- Analysieren Sie, wie die IT-Abteilung organisiert ist, welche Rollen und Verantwortlichkeiten es gibt und wie die Beziehung zu anderen Abteilungen aussieht.
- Prüfen Sie, ob die IT mit ausreichend Ressourcen ausgestattet ist oder ob gegebenenfalls entsprechende Maßnahmen definiert wurden. Entspricht die Anzahl der IT-Mitarbeiter der Soll-Anzahl der Mitarbeiter oder sind bereits neue Stellen genehmigt und ausgeschrieben?
- Prüfen Sie, wie Entscheidungen in Bezug auf die IT getroffen werden, ob es klare Zuständigkeiten gibt und wer für Budgetierung, Priorisierung und Risikomanagement verantwortlich ist.
- Vergleichen Sie die IT-Organisationsstruktur und -Governance mit bewährten Praktiken und Standards in der Branche.
- Prüfen Sie, ob ein Schulungskonzept für die Mitarbeiter vorliegt und wie die Einhaltung sichergestellt wird.
- Prüfen Sie, welche Prozesse und Verfahren definiert sind, um sicherzustellen, dass die IT-Operationen den strategischen Zielen entsprechen und lassen sie sich erklären, wie die Prozesse überwacht und optimiert werden.

86 Vgl. Albayrak/Gadatsch (2012), S. 82

5.1.4 IT-Architektur – Strategische Entwicklung der IT-Architektur

IT-Architektur	
Ziel	Die IT-Architektur bezieht sich auf die Gestaltung und Verwaltung der gesamten IT-Infrastruktur. Ihr Ziel ist es sicherzustellen, dass die IT-Soft- und Hardware miteinander und in die Unternehmensprozesse integriert sind und effizient zusammenarbeiten, um die Unternehmensziele zu unterstützen.
Fokus	Die IT-Architektur betrachtet die gesamte IT-Landschaft, einschließlich Hardware, Software, Netzwerke, Datenbanken und Middleware. Sie legt fest, wie diese Komponenten zusammenarbeiten sollen, um die Unternehmensanforderungen zu erfüllen.
Mögliche Aspekte im IT-Strategiedokument	– IT-Architekturziele, IT-Architekturprinzipien und -richtlinien – Roadmap für die IT-Architektur-Entwicklung – Prozesslandkarte und Prozessunterstützungskarte – Skalierbarkeit und Performance

Tab. 5.5 Empfohlener Inhalt: IT-Architektur

Die IT-Architektur bietet eine ganzheitliche Perspektive auf die IT-Landschaft eines Unternehmens und stellt sicher, dass alle Komponenten zusammenarbeiten, um die strategischen Ziele zu unterstützen. Sie hilft bei der Planung, Implementierung, Überwachung und Weiterentwicklung der IT-Systeme und -Prozesse eines Unternehmens. Unternehmen sind dazu verpflichtet, sich intensiv mit Fragen zur IT-Architektur auseinanderzusetzen.[87] Die IT-Architektur legt einerseits die Grundstruktur der IT-Organisation fest und andererseits etabliert sie Regeln für das dynamische Zusammenspiel sämtlicher Komponenten. Die Infrastruktur umfasst dabei Hardware, Netzwerke und Standorte, sowie zur IT gehörende Management-Instanzen, wie Konfiguration, Kapazitäts- und Lastverteilung, Verfügbarkeit und Datenwiederherstellung.[88] Die IT-Architektur vereinfacht die Darstellung der realen IT-Umgebung und nutzt dazu Abstraktionen und Modelle, um die komplexe Struktur verständlich zu kommunizieren, zu verstehen oder zu verifizieren und Sachverhalte auf die wichtigsten Zusammenhänge zu verdichten.[89] Dabei sollen Verbesserungspotenziale identifiziert werden, welche als Zielbild in der IT-Strategie herausgestellt werden. Hierbei sind Fragen zu beachten, wie beispielsweise, welche Anwendungen abgelöst werden sollten, welche

87 Vgl. Knoll (2018)
88 Vgl. Gambit (2023)
89 Vgl. Schönbächler/Pfister (2011), S. 142

Softwarelösungen einzuführen sind und welche Schnittstellen und Synergien vorhanden sind. Dies kann in einem übersichtlichen Diagramm der wichtigsten Softwareanwendungen, Daten und technischen Infrastruktur zusammengefasst werden. Es werden Leitlinien erstellt, um festzulegen, welche Systeme vorgefertigt, konfiguriert oder kundenspezifisch entwickelt werden sollen, ebenso wie Standards und Einschränkungen bei der Auswahl der Technologieinfrastruktur.

Organisationen nutzen eine IT-Architektur, um sicherzustellen, dass ihre Informationssysteme den Anforderungen gerecht werden. Ohne eine solche Architektur leidet ein IT-System chronisch unter lokaler Optimierung, bei der Entscheidungen für Teilaspekte auf Kosten des Gesamtsystems getroffen werden.

Praxistipp:
Prüfung des Abschnittes „IT-Architektur“

Der angemessene Einbezug der IT-Architektur in das IT-Strategiedokument kann anhand folgender Prüfungshandlungen überprüft werden:

- Stellen Sie sicher, dass die IT-Architektur effektiv auf die Unternehmensziele ausgerichtet ist und die Harmonie zwischen den IT-Systemen gewährleistet ist.
- Prüfen Sie, ob klare Leitlinien, Standards und Einschränkungen für Technologieauswahl, Systementwicklung und -betrieb vorhanden sind.
- Identifizieren Sie, wie gut die IT-Architektur Innovationen unterstützt und wie flexibel sie auf Veränderungen reagieren kann.
- Überprüfen Sie, ob ein Zielbild definiert ist und eine Roadmap definiert wurde, um das Zielbild zu realisieren und ob dieses mit dem Projektportfolio mit den definierten Prioritäten sowie dem zeitlichen Rahmen erreichbar ist.

Hinweis:
Häufig ist der im nächsten Schritt aufgezeigte Abschnitt „Applikationen“ Teil der IT-Architektur. Der Vollständigkeit halber werden in diesem Buch sowohl die IT-Architektur als auch die Applikationen dargestellt.

5.1.5 Applikationen – IST- und SOLL-Zustand des Anwendungsportfolios

Applikationen	
Ziel	Die Applikationsstrategie umfasst die langfristige Planung des Lebenszyklus der einzelnen Anwendungen im Unternehmen (Konzeption und Planung, Analyse und Anforderungserfassung, Design und Architektur, Entwicklung und Implementierung, Test und Qualitätssicherung, Bereitstellung und Einführung, Betrieb und Wartung, Optimierung und Weiterentwicklung, Ausmusterung oder Migration). Ihr Hauptziel ist es, sicherzustellen, dass die Anwendungen den Geschäftsanforderungen entsprechen und einen Mehrwert bieten.
Fokus	Es werden speziell die Softwareanwendungen, die im Unternehmen eingesetzt werden, betrachtet, einschließlich der individuellen Anwendungen, der Unternehmenssoftwarepakete und der maßgeschneiderten Lösungen.
Mögliche Aspekte im IT-Strategiedokument	– Übersicht/Verweis Applikationsportfolio – Anwendungsportfoliomanagement – Anwendungsbereinigung und Rationalisierung – Technologische Architektur und Standards – Entwicklungs- und Beschaffungsstrategie – Governance und Management – Budget und Ressourcenallokation – Qualitätsmanagement und Performance

Tab. 5.6 Empfohlener Inhalt: Applikationen

Für die Applikationsstrategie werden gemeinsam mit der Unternehmensführung sowie den Fachbereichen umfassende Analysen und Bewertungen der aktuellen Anwendungslandschaft durchgeführt und die Ziele dann in einer Übersicht der Applikationsstrategie im IT-Strategiedokument beigefügt.

Jede Branche befindet sich mitten in einem umfassenden Prozess der digitalen Transformation. Um eine erfolgreiche digitale Transformation zu gewährleisten, ist ein effizientes Portfolio an IT-Systemen unerlässlich. Ein Mangel in diesem Bereich führt zu geringer Unternehmensagilität und unüberlegten Entscheidungen bezüglich neuer Systeme.

Praxistipp:
Prüfungsmöglichkeiten des Abschnitts „Applikationen"

Der angemessene Einbezug der Applikationen in das IT-Strategiedokument kann anhand folgender Prüfungshandlungen überprüft werden:

- Einsichtnahme in die Übersicht der Applikationen und der geplanten Anpassungen. Interview mit den Verantwortlichen des Unternehmens hinsichtlich Lebenszyklusphasen der rechnungslegungsrelevanten Anwendungen.
- Lassen Sie sich Auskunft zu den geplanten Budgets und die Ressourcenallokation für die Anwendungsentwicklung und -wartung geben.
- Untersuchen Sie, wie Projekte zur Anwendungsentwicklung geplant, gesteuert und überwacht werden. Stellen Sie fest, ob geeignete Projektmanagement- und Governance-Praktiken vorhanden sind.
- Abstimmung der Applikationsstrategie mit der Unternehmensstrategie. Die vorhandenen und geplanten Änderungen in der Applikationslandschaft sollten zur Unternehmensstrategie passen.
- Überprüfen Sie, ob die Anwendungen den relevanten gesetzlichen Vorschriften und branchenspezifischen Standards entsprechen.
- Überprüfen Sie, ob es ein zentrales Register für individuelle Datenverarbeitungen, bspw. VBA-Entwicklungen in Excel oder Access durch die Finanzabteilung, und Vorgaben zu der Entwicklung dieser gibt.

Verbindung IT-Architekturstrategie und Applikationsstrategie

Beide Abschnitte der IT-Strategie können eng miteinander verbunden sein, da die IT-Architekturstrategie die Rahmenbedingungen schafft, innerhalb derer die Applikationsstrategie wirkt. Eine IT-Architekturstrategie gewährleistet, dass die Anwendungen störungsfrei zusammenarbeiten können und dass Ressourcen effizient genutzt werden. Die Applikationsstrategie konzentriert sich auf die Lebenszyklusphasen der konkreten Anwendungen, die zur Unterstützung der Geschäftsprozesse benötigt werden. Daher können die beiden Abschnitte im IT-Strategiedokument auch zusammen betrachtet werden.

5.1.6 Sourcing – Bezug von IT-Ressourcen und IT-Dienstleistungen

Sourcing	
Ziel	Ziel ist es, festzulegen, wie IT-Ressourcen (z.B. Personal, Dienstleistungen, Technologien) beschafft werden, um die Bedürfnisse des Unternehmens am besten zu erfüllen.
Fokus	Auswahl geeigneter Beschaffungsmodelle, wie Inhouse-Entwicklung, Outsourcing, oder Cloud-Services.
Mögliche Aspekte im IT-Strategiedokument	– Identifikation von Outsourcing/Insourcing-Potenzialen – Strategische Einordnung und Darstellung der Abhängigkeiten von Dritten – Überwachung von Serviceanbietern und Vertragsmanagement

Tab. 5.7 Empfohlener Inhalt: Sourcing

Die strategische Einbeziehung von Aus-/Eingliederungen von IT-Dienstleistungen oder anderen Dienstleistungsbeziehungen im Bereich IT, wie der isolierte Bezug von Hard- oder Software, ist von großer Bedeutung für die IT-Strategie. Dies ermöglicht eine gezielte Konzentration auf Kernprozesse und die Frage, welche Bereiche inhouse erfolgen oder ausgelagert werden sollen. Die Entscheidung, ob Outsourcing überhaupt betrieben werden soll, sowie die Erweiterung bestehender Outsourcing-Arrangements sollten dabei in Betracht gezogen werden.

Die Sourcing-Strategie beinhaltet die Struktur der Services, die Kostenstruktur, die Organisationsstruktur, die Prozessreife und die bisherige Steuerungsfähigkeit der IT. Die Aufnahme der IST-Situation ist besonders wichtig für die Vorbereitung auf das Outsourcing von IT-Services und die interne Anpassung der Organisation. Die Sourcing-Strategie umfasst dabei typischerweise „Make or buy and/or Cloud"-Entscheidungen für die gesamte IT-Organisation. Eine angemessene Sourcing-Strategie kann sowohl Vorteile für die IT-Abteilung als auch für das gesamte Unternehmen und seine Prozesse bieten.

Um die definierten IT-Sourcing-Ziele umzusetzen, werden verschiedene Handlungsoptionen gemeinsam entwickelt, bewertet und dokumentiert. Zunächst werden strategisch relevante und unternehmenskritische Services sowie Kernkompetenzen des Unternehmens identifiziert. Diese Services werden mittels einer Stärken-Schwächen-Analyse bewertet, woraus sich Handlungsoptionen bzw. Sourcing-Szenarien ergeben. Diese Szenarien werden anhand relevanter Kriterien bewertet. Es gibt verschiedene Sourcing-Varianten, darunter „Make", „Buy" und „Hybrid", die je nach den Gegebenheiten betrachtet werden können. Die Beschreibung und Bewertung dieser Szenarien führen zur Entwicklung von Zielbildern, die als Grundlage für Managemententscheidungen dienen.

Praxistipp:
Prüfungsmöglichkeiten des Abschnitts „Sourcing"

Der angemessene Einbezug der Sourcing-Strategie in das IT-Strategiedokument kann anhand folgender Prüfungshandlungen überprüft werden:

- Überprüfung Sie, ob Aussagen zum Outsourcing und isolierten IT-Bezug in der IT-Strategie vorhanden sind und messbare Ziele hierfür definiert sind.
- Lassen Sie sich die Kernkompetenzen des Unternehmens erklären, um zu verstehen, wie weit diese von der Ausgliederung betroffen sind.
- Überprüfung Sie, ob Mindestanforderungen an Dienstleister definiert sind und die Einhaltung von regulatorischen Anforderungen gefördert wird.
- Überprüfung Sie, ob Abhängigkeiten und Risiken sowie strategische Auswirkungen identifiziert wurden.
- Lassen Sie sich die Maßnahmen zum Monitoring der erbrachten Leistung erklären und überprüfen Sie, ob hier überprüfbare Ziele definiert sind.

5.1.7 Notfallmanagement und Disaster Recovery – Strategische Auswirkung präventiver und korrektiver Maßnahmen

Notfallmanagement und Disaster Recovery	
Ziel	Ziel ist, IT-Soft- und Hardware sowie die hier verarbeiteten Daten vor Gefährdungen zu schützen, die Geschäftskontinuität im Falle eines Ausfalls sicherzustellen und den Normalzustand wiederherzustellen.
Fokus	Entwicklung von Notfallrichtlinien, Implementierung von Notfallmaßnahmen und Notfallwiederherstellungsplänen.
Mögliche Aspekte im IT-Strategiedokument	– Geplante Notfall- und Wiederherstellungsmaßnahmen (u.a. Anpassung der Kommunikationsstrategie im Notfall, Ressourcenplanungen für den Notfall, Notfallteamkonzeption) – Business Continuity Management (BCM)

Tab. 5.8 Empfohlener Inhalt: Notfallmanagement und Disaster Recovery

„Ausgangspunkt ist die Überlegung, was man als Unternehmen zum Überleben braucht."[90]

Notfallmanagement und Disaster Recovery Management sind ein Teil des unternehmensweiten Notfall- und Business Continuity Managements. Sie sollen die Verfügbarkeit, die Integrität und die Vertraulichkeit der IT-Systeme und Daten sicherstellen sowie kritische Geschäftsprozesse bei Notfällen aufrechterhalten oder wiederherstellen.

Nur wenn geplant und organisiert vorgegangen wird, ist eine optimale Notfallvorsorge und Notfallbewältigung möglich. Ein professioneller Prozess zum Notfallmanagement reduziert die Auswirkungen eines Notfalls und sichert somit Betrieb und Fortbestand des Unternehmens. Es sind geeignete Maßnahmen zu identifizieren und umzusetzen, durch die zeitkritische Geschäftsprozesse und Fachaufgaben zum einen robuster und ausfallsicherer werden (präventiv). Zum anderen sollten diese Maßnahmen ermöglichen, einen Notfall schnell und zielgerichtet zu bewältigen (korrektiv).

Insgesamt sollten Notfallmanagement und Disaster Recovery in der IT-Strategie als integraler Bestandteil des ganzheitlichen Ansatzes zur Sicherstellung der Geschäftskontinuität und des reibungslosen Betriebs der IT-Systeme verankert sein.

Hinweis:
Für den Aufbau eines IT-Notfallmanagements bietet beispielsweise das BSI mit „DER.4 Notfallmanagement" oder „BSI-Standard 200-4 Hilfsmittel – Dokumentenvorlage für ein Notfallhandbuch" eine Hilfestellung als Teil des IT-Grundschutz-Kompendiums.

[90] Zitat Prof. Dr. Christoph Thiel, Informationssicherheitsexperte an der FH Bielefeld

Praxistipp:
Prüfungsmöglichkeiten des Abschnitts „Notfallmanagement und Disaster Recovery“

Die angemessene Berücksichtigung von Notfallmanagement und Disaster Recovery in das IT-Strategiedokument kann anhand folgender Prüfungshandlungen überprüft werden:

- Überprüfung Sie, ob Maßnahmen und Richtlinien für das Business Continuity Management und die Disaster Recovery definiert sind.
- Überprüfen Sie, ob Kommunikationswege und ein Notfallteam definiert sind.
- Überprüfen Sie, ob Vorgaben zu der Durchführung von Notfall- und Wiederherstellungstests vorhanden sind.
- Einsicht in Dokumentation und Berichterstattung.
- Einsicht in die IT-Strategie, ob Vorgaben bezüglich Mechanismen zur Überprüfung und kontinuierlichen Verbesserung der Notfallmanagementprozesse und Disaster Recovery Prozesse sowie Ziele für die Abdeckung der Prozesse mit Notfallszenarien vorhanden sind.

5.1.8 Informationssicherheit – Strategischer Schutz sensibler Informationen

Informationssicherheit	
Ziel	Das Ziel ist die Integration von Informationssicherheit in die IT-Strategie und Festlegung von klaren Zielen (u.a. Vertraulichkeit, Integrität und Verfügbarkeit) für den Schutz von Informationen.
Fokus	Schutz sensibler Informationen, Identifikation von Bedrohungen, Sicherheitsüberwachung und -management, Einhaltung von Funktionstrennungen.
Mögliche Aspekte im IT-Strategie-dokument	– Soll- und Ist-Sicherheitsmaßnahmen (u.a. Schwachstellenanalysen und Penetrationstests, Erstellung von Sicherheitsrichtlinien, Schulung der Mitarbeiter in Sicherheitsbewusstsein, Verschlüsselungen) – Einbezug des ISB in die Aufbau- und Ablauforganisation des Unternehmens

Tab. 5.9 Empfohlener Inhalt: Informationssicherheit

Informationssicherheit ist ein Ansatz, der neben der IT-Sicherheit (Schutz der IT-Infrastruktur, Systeme, Netzwerke und Geräte vor inneren und äußeren Bedrohungen durch bspw. Firewalls, Antivirus-Software, Zugangskontrollen und Verschlüsselung) auch organisatorische und prozessuale Aspekte einbezieht. Sie zielt darauf ab, die Gesamtheit der Informationen in einem Unternehmen zu schützen, unabhängig von der Form, in der sie vorliegen (elektronisch oder physisch). Informationssicherheit bezieht sich auf den Schutz von Informationen vor unbefugtem Zugriff, Manipulation oder Offenlegung.

In der IT-Strategie eines Unternehmens sollten die zukünftigen Entwicklungen der Informationssicherheit im Unternehmen auf klare und strukturierte Weise integriert werden. Dies erfordert eine gezielte Herangehensweise, um die Sicherheit von IT-Systemen und die Vertraulichkeit, Integrität und Verfügbarkeit von Informationen zu gewährleisten. Eine Ergänzung zu dieser Integration ist die Berücksichtigung aktueller und zukünftiger technologischer Trends und Innovationen im Bereich der Informationssicherheit. Ebenso wichtig ist die kontinuierliche Überwachung der sich verändernden Bedrohungslandschaft des Unternehmens. Hierbei sollten neue Bedrohungen, Schwachstellen und Angriffstechniken identifiziert und die Sicherheitsstrategie angepasst werden, um proaktiv gegen potenzielle Risiken vorzugehen.

Praxistipp:
Prüfungsmöglichkeiten des Abschnitts „Informationssicherheit"

Der angemessene Einbezug der Informationssicherheit in das IT-Strategiedokument kann anhand folgender Prüfungshandlungen überprüft werden:

- Analysieren Sie, ob die getroffenen Maßnahmen bezüglich der Informationssicherheit dem aktuellen Bedrohungsstatus des Unternehmens entsprechen und welche Soll-Maßnahmen noch nicht umgesetzt sind.
- Einsichtnahme in das Organigramm, um festzustellen, wie der ISB eingebunden wird.
- Einsichtnahme in die Vorgaben zum Einbezug des ISB in Projekte und Prozesse.

5.2 Weitere optionale Inhalte der IT-Strategie

Optionale Inhalte einer IT-Strategie können je nach Unternehmen und spezifischen Anforderungen variieren.

Optionale Inhalte	Beschreibung	Beispielthemen
IT-Risikomanagementstrategie	Das IT-Risikomanagement dient dazu, Risiken im Kontext der IT zu identifizieren, zu bewerten und geeignete Maßnahmen zu ergreifen, um die Sicherheit, Stabilität und Kontinuität der IT-Infrastruktur und -Dienste sicherzustellen. Es stellt sicher, dass die IT-Initiativen und Technologieentscheidungen auf die Minimierung von Risiken und die Sicherstellung der Geschäftskontinuität ausgerichtet sind.	– Risikoerkennung und Bewertung – Risikominderungsstrategien – Kommunikation und Bewusstseinsbildung – Fortlaufende Überwachung und Anpassung
Digitalisierungs-/Automatisierungsstrategie	Eine Digitalisierungs-/Automatisierungsstrategie kann dazu dienen, die digitale Transformation des Unternehmens zu unterstützen. Dies beinhaltet die Identifizierung digitaler Geschäftsmöglichkeiten, die Integration von digitalen Technologien und die Förderung einer digitalen Unternehmenskultur.	– Prozessdigitalisierung (Rechnungseingangsprozess) – Prozessautomatisierung (u.a. Robotic Process Automation, KI) – Digitale Geschäftsmodelle (u.a. E-Commerce, Onlineplattformen, Subscription-Modelle)
Innovationsmanagement	Eine Strategie für Innovationsmanagement kann festgelegt werden, um die kontinuierliche Weiterentwicklung und Nutzung neuer Technologien, Trends und Best Practices zu fördern. Dies kann die Einführung von innovativen Prozessen, die Zusammenarbeit mit Start-ups und die Förderung einer innovationsorientierten Unternehmenskultur umfassen.	– Nachhaltigkeitsmanagement – Data Analytics und Big Data – Hackathons und Innovationswettbewerbe
Kommunikations- und Kollaborationsstrategie	Die Kommunikations- und Kollaborationsstrategie in der IT-Strategie definiert, wie Informationen in einem Unternehmen ausgetauscht, geteilt und unternehmensweit verwendet werden, um Effizienz, Zusammenarbeit und Innovationsfähigkeit zu fördern. Sie gewährleistet, dass Technologien und Plattformen eingerichtet sind, die eine funktionsfähige Kommunikation und Kollaboration zwischen einzelnen Mitarbeitern, Teams und Abteilungen fördern.	– Intranet-Plattform – Unified Communications – Kollaborative Dokumentenverwaltung – Projektmanagement-Tools – Social Intranet

Optionale Inhalte	Beschreibung	Beispielthemen
Data Management Strategie	Die Data Management Strategie in der IT-Strategie kann angeben, wie Daten innerhalb des Unternehmens erhoben, gespeichert, verwaltet, analysiert, verknüpft und geschützt werden. Sie unterstützt dabei, dass Daten in festgelegter Qualität verfügbar sind, um nachvollziehbare Entscheidungen zu unterstützen und gleichzeitig die Sicherheitsanforderungen des Unternehmens zu erfüllen.	– Datenqualitätsmanagement – Datenintegration – Data Analytics – Datensicherheit – Master Data Management
Einsatz von individueller Datenverarbeitung (IDV)[91]	Die IT-Strategie kann klare Vorgaben für den Einsatz von IDV festlegen. Dies umfasst unter anderem Fragen zur Zulässigkeit, zur Steuerung und Verantwortlichkeit, zur Nutzung bestehender IT-Prozesse und -Mechanismen sowie zur Risiko-Bewertung. Es sollten Werkzeuge für die Versionsführung und Metadatenpflege jeder individuellen Datenverarbeitung vorhanden sein.	– Steuerung und Verantwortlichkeiten für IDV – Rolle der individuellen Datenverarbeitung – Zentralisierung von IDV-Anwendungen – Etablierung von Regelwerken und Richtlinien – Prozesse und Mechanismen für IDV – Zugriffsmanagement und Datenspeicherung – Begrenzung und Überprüfung von IDV-Anwendungen – Programmierrichtlinien und Entwicklung

Tab. 5.10 Optionale Inhalte einer IT-Strategie

Praxistipp:
Bei der Prüfung von optionalen Inhalten der IT-Strategie ist es zu empfehlen, mit einer klaren Verständnisgrundlage der Unternehmensziele und der gesetzlichen und branchenspezifischen Anforderungen zu beginnen. Die Planung der Prüfung sollte zudem auf einer Risikobewertung basieren. Der Wirtschaftsprüfer sollte sich auf diejenigen optionalen Inhalte konzentrieren, die das Risikoprofil des Unternehmens beeinflussen könnten.

91 Für Banken und Versicherungen sind Aussagen zur IDV einer der Mindestinhalte der IT-Strategie. Häufig werden IDVs in Excel oder Access mit Hilfe VBAs umgesetzt. Vorteile von IDVs sind häufig die geringeren Kosten gegenüber einer Standardlösung.

Eine stete Abstimmung mit dem Management und den IT-Ansprechpartnern ist unerlässlich, um den Kontext zu verstehen und klare Prüfungsziele zu definieren. Ein Vergleich der Inhalte mit Branchenstandards und Best Practices unterstützt dabei, Lücken zu identifizieren. Die Ergebnisse der Prüfung sollten ausführlich dokumentiert werden und klar und verständlich kommuniziert werden.

Jede Prüfung sollte dazu dienen, Kompetenz und Fachwissen aufzubauen, um die Effektivität künftiger Prüfungen zu erhöhen. Durch diesen Ansatz kann sichergestellt werden, dass die optionalen Inhalte der IT-Strategie des Unternehmens in einer Weise bewertet werden, die sowohl den geschäftlichen Zielen als auch den besten Prüfungspraktiken gerecht wird.

6 Messbare Ziele

In der heutigen Zeit besteht ein Bedarf zur Leistungsmessung, das über das konventionelle Rechnungswesen hinausgeht. Hierbei ist beispielweise die Feststellung von Beziehungen und wissensbasierten Vermögenswerten, die notwendig sind, um im Informationszeitalter wettbewerbsfähig zu sein, einschließlich Kundenorientierung, Prozesseffizienz und die Fähigkeit zu lernen und zu wachsen, von besonderer Bedeutung. Ein Beispiel hierfür ist der Einsatz der Balance Scorecard. Diese setzt zur Erreichung der Unternehmensziele die Strategie in Maßnahmen um, wobei immaterielle Faktoren wie Kundenzufriedenheit, Rationalisierung interner Funktionen, Schaffung von operativer Effizienz und Befähigung von Mitarbeitern berücksichtigt werden. Diese ganzheitliche Sicht der betrieblichen Tätigkeiten trägt dazu bei, langfristige strategische Zielvorgaben und kurzfristige Maßnahmen miteinander zu verknüpfen.[92] Dabei ist es wichtig die Zielvorgaben messbar und überprüfbar zu definieren. Die Kennzahlen sollten mit den strategischen Zielen verknüpft sein, sodass erkennbar ist, wie die Kennzahlen auf das Ziel einwirken. Die Kennzahlen werden üblicherweise im Controlling überwacht und regelmäßig an das Management berichtet.

Praxistipp:
Ziele sollten so definiert sein, dass eine Messung und eine Überprüfbarkeit der Zielerreichung durchgeführt werden können. Hat ein Unternehmen das Ziel „Hohe Verfügbarkeit" definiert, muss genauer definiert werden, wann dieses erfüllt ist.

Beispiel:

„Die Verfügbarkeit aller Systeme beträgt mindestens 99%."

Diese Kennzahl wirkt sich unter anderem auf die Mitarbeiter- und Kundenzufriedenheit aus. Zudem kann hieraus ein Service Level Agreement (SLA) mit Dienstleistern abgeschlossen werden oder gegenüber Kunden vereinbart werden. Die Einhaltung solcher SLAs muss überwacht werden. Bei Nicht-Einhaltung drohen häufig Sanktionen und Pönale.

[92] Vgl. COBIT (2019), S.48

6.1 Einfluss der IT auf die Unternehmensziele

Im Folgenden werden Unternehmensziele, daraus abgeleitete IT-bezogene Ziele und mögliche Kennzahlen zur Messung der Zielerreichung für die dargestellten Unternehmensziele vorgestellt. Hierbei soll verdeutlich werden, wie IT-bezogene strategische Ziele von den Unternehmenszielen abgeleitet werden können. Wie diese IT-Ziele messbar definiert werden können, wird im nächsten Kapitel beschrieben.

Beispiele für daraus abgeleitete Ziele für die IT nach COBIT 2019[93]:

Unternehmensziele	Mögliche Kennzahlen zur Messung der Zielerreichung
Portfolio wettbewerbsfähiger Produkte und Dienstleistungen Abgeleitete IT-Ziele sind zum Beispiel die Erfüllung von Standards und Zertifizierungen sowie die Agilität, um Geschäftsanforderungen in operative Lösungen umzusetzen.	1. Anteil der Produkte und Dienstleistungen, die die Ziele bezüglich Umsatz und/oder Marktanteil erreicht oder übertroffen haben 2. Anteil der Produkte und Dienstleistungen, die die Kundenzufriedenheitsziele erreicht oder übertroffen haben 3. Anteil der Produkte und Dienstleistungen, die Wettbewerbsvorteile bieten 4. Markteinführungszeit für neue Produkte und Services
Kundenorientierte Servicekultur Abgeleitete IT-Ziele sind zum Beispiel die Verfügbarkeit und Benutzerfreundlichkeit der IT-Systeme	1. Anzahl der Unterbrechungen bei den Kundenservices 2. Anteil der geschäftlichen Anspruchsgruppen, die zufrieden damit sind, dass die Kundenservices den vereinbarten Standards entsprechen 3. Anzahl von Kundenbeschwerden 4. Trend der Umfrageergebnisse zur Kundenzufriedenheit
Optimierung der internen Geschäftsprozessfunktionalität Abgeleitete IT-Ziele sind zum Beispiel die realisierten Vorteile aus dem durch die IT ermöglichten Anlage- und Dienstleistungsportfolio	1. Zufriedenheitsgrad der Geschäftsleitung und obersten Führungskräfte mit den Geschäftsprozessfähigkeiten 2. Zufriedenheitsgrad der Kunden mit der Servicebereitstellung 3. Zufriedenheitsgrad der Lieferanten mit der Leistungsfähigkeit der Lieferkette

93 Vgl. COBIT (2019), S. 67

Unternehmensziele	Mögliche Kennzahlen zur Messung der Zielerreichung
Gesteuerte Programme zur digitalen Transformation Abgeleitete IT-Ziele sind die Ermöglichung und Unterstützung von Geschäftsprozessen durch Integration von Anwendungen und Technologie	1. Anzahl der Programme, die pünktlich und innerhalb des Budgets abgewickelt wurden 2. Anteil der Anspruchsgruppen, die mit der Programmdurchführung zufrieden sind 3. Anteil der Programme zur Unternehmenstransformation, die eingestellt wurden 4. Anteil der Programme zur Unternehmenstransformation mit regelmäßigen Statusberichten

Tab. 6.1 Übersicht möglicher Kennzahlen zur Messung der Zielerreichung der Unternehmensziele

6.2 Ziele für die empfohlenen Inhalte der IT-Strategie

Im Folgenden werden Beispiele für abgeleitete IT-Ziele der empfohlenen Inhalte der IT-Strategie unter anderem nach COBIT 2019[94] und Erfahrungen aus der Praxis sowie speziell hergeleitete Kennzahlen zusammengetragen.

IT-bezogene Ziele Unternehmensziele	Mögliche Kennzahlen zur Messung der Zielerreichung
Ziele der IT-Architektur: Ermöglichung und Unterstützung von Geschäftsprozessen durch Integration von Anwendungen und Technologie Agilität, um Geschäftsanforderungen in operative Lösungen umzusetzen	1. Dauer der Ausführung von Geschäftsservices oder -prozessen 2. Anzahl der durch die IT ermöglichten Geschäftsprogramme, die aufgrund von Problemen bei der Technologieintegration verzögert wurden oder zusätzliche Kosten verursacht haben 3. Anzahl der Geschäftsprozessänderungen, die aufgrund von Problemen bei der Technologieintegration verzögert wurden oder überarbeitet werden mussten 4. Anzahl von Anwendungen oder kritischen Infrastrukturen, die isoliert arbeiten und nicht integriert sind

[94] Vgl. COBIT (2019), S. 67

<table>
<tr><th>IT-bezogene Ziele</th><th rowspan="2">Mögliche Kennzahlen zur Messung der Zielerreichung</th></tr>
<tr><th>Unternehmensziele</th></tr>
<tr><td>Unterstützte Unternehmensziele:
Portfolio wettbewerbsfähiger Produkte und Dienstleistungen
Kundenorientierte Servicekultur
Optimierung der internen Geschäftsprozessfunktionalität
Gesteuerte Programme zur digitalen Transformation</td><td>5. Durchschnittlicher Zeitbedarf für die Umsetzung strategischer IT-Zielvorgaben in abgestimmte und genehmigte Initiativen
6. Anzahl kritischer Geschäftsprozesse, die durch eine aktuelle Infrastruktur und Anwendungen unterstützt werden[95]
7. Anzahl Automatisierung von manuellen Aufgaben</td></tr>
<tr><td>Ziele der IT-Aufbau und Ablauforganisation:
Realisierte Vorteile aus dem durch die IT ermöglichten Anlage- und Dienstleistungsportfolio
IT-Compliance mit internen Richtlinien</td><td rowspan="2">1. Anzahl der wichtigen Anspruchsgruppen, die die Eingliederung der IT-Funktion genehmigt haben
2. Anteil der Anspruchsgruppen mit einer positiven Meinung zur Eingliederung der IT-Funktion.[96]
3. Bewertungen aus Umfragen zur Benutzer- und IT-Mitarbeiterzufriedenheit
4. Anteil der Rollen und Zuständigkeiten im Rahmen von Beziehungen, die definiert, zugewiesen und kommuniziert sind[97]
5. Anzahl und Lösungszeit von Support-Tickets
6. IT-Budgetanteil, die Kosten pro Benutzer oder die Einsparung durch Konsolidierung von IT-Ressourcen</td></tr>
<tr><td>Unterstützte Unternehmensziele:
Compliance mit externen Gesetzen und Bestimmungen
Optimierung der internen Geschäftsprozessfunktionalität
Kostenersparnisse</td></tr>
<tr><td>Ziele zur IT-Compliance und Zuordnung der gängigen Standards:
Erfüllung von Standards und Zertifizierungen</td><td rowspan="2">1. Stufe eines Reifegradmodells
2. Anzahl von Zertifizierungen mit Bezug zu IT oder Informationssicherheit</td></tr>
<tr><td>Unterstützte Unternehmensziele:
Standardisierung der Abläufe
Wettbewerbsfähigkeit</td></tr>
</table>

[95] Vgl. COBIT (2019), S. 75
[96] Vgl. COBIT (2019), S. 60
[97] Vgl. COBIT (2019), S. 112

IT-bezogene Ziele **Unternehmensziele**	**Mögliche Kennzahlen zur Messung der Zielerreichung**
Ziele zur Einbindung der Informationssicherheit: Sicherheit von Informationen, Verarbeitungsinfrastrukturen und Anwendungen	1. Anzahl Mitarbeiter die sich mit der Informationssicherheit, außerhalb der IT-Abteilung beschäftigen 2. Anzahl der Mitarbeiter, die eine Schulung zur Sensibilisierung bezüglich Informationssicherheit erfolgreich abgeschlossen haben 3. Häufigkeit der geplanten Sicherheitsüberprüfungen 4. Anzahl der Feststellungen bei regelmäßigen Sicherheitsüberprüfungen
Unterstützte Unternehmensziele: Gesteuertes Geschäftsrisiko Kontinuität und Verfügbarkeit der geschäftlichen Services	5. Aktualisierungshäufigkeit des Risikoprofils 6. Anteil der unternehmensweiten Risikobewertungen einschließlich IT-bezogener Risiken 7. Grad der Zufriedenheit der Anspruchsgruppen mit dem Sicherheitsplan 8. Anzahl sicherheitsrelevanter Störungen, die durch Nichteinhaltung des Sicherheitsplans verursacht wurden 9. Dauer bis zur Erkennung und Behebung von Sicherheitslücken 10. Reifegrad bei der Erfüllung von Sicherheitsstandards und -richtlinien
Ziele von Notfallmanagement und Disaster Recovery: Lieferung von IT-Services in Übereinstimmung mit den Geschäftsanforderungen Sicherheit von Informationen, Verarbeitungsinfrastrukturen und Anwendungen sowie Datenschutz	1. Gesamtausfallzeit infolge einer größeren Unterbrechung oder Störung 2. Anteil der wichtigsten Anspruchsgruppen, die in Geschäftsauswirkungsanalysen einbezogen sind, um den Schaden, den eine Unterbrechung der kritischen Geschäftsfunktionen im Laufe der Zeit bewirkt, zu bewerten, sowie die Folgen, die eine Unterbrechung für sie haben würde 3. Anzahl der Personen, die für die sachgemäße Reaktion nach Alarmen in der IT-Umgebung geschult sind 4. Anzahl der definierten Risikoszenarien für Bedrohungen in der IT-Umgebung Anzahl der kritischen Geschäftssysteme, die nicht in den Plänen enthalten sind

IT-bezogene Ziele / Unternehmensziele	Mögliche Kennzahlen zur Messung der Zielerreichung
Unterstützte Unternehmensziele: Gesteuertes Geschäftsrisiko Kontinuität und Verfügbarkeit der geschäftlichen Services Optimierung der internen Geschäftsprozessfunktionalität[98]	5. Anteil der wichtigsten Anspruchsgruppen, die an der Entwicklung der Pläne beteiligt sind[99] 6. Dauer der geplanten und ungeplanten Systemdowntime oder der Service Level Agreements (SLAs) mit den internen Kunden
Ziele der Sourcing-Strategie: Lieferung von IT-Services in Übereinstimmung mit den Geschäftsanforderungen **Unterstützte Unternehmensziele:** Portfolio wettbewerbsfähiger Produkte und Dienstleistungen Optimierung der internen Geschäftsprozessfunktionalität	1. Anzahl der IT-Anbieter 2. Anteil der zertifizierten Anbieter 3. Anzahl der Mindestanforderungen für Dienstleister und Anteil der Einhaltung dieser 4. Häufigkeit von Dienstleisterüberprüfungen 5. Anzahl spezifischer/intelligenter KPIs, die in Outsourcing-Verträgen enthalten sind 6. Häufigkeit der Nichterfüllung der KPIs durch den Outsourcing-Partner 7. Anteil der geschäftlichen Anspruchsgruppen, die zufrieden damit sind, dass die IT-Servicebereitstellung den vereinbarten Service- Levels entspricht 8. Anzahl von Geschäftsunterbrechungen aufgrund von IT-Service-Störungen 9. Anteil der Nutzer, die mit der Qualität der IT-Servicebereitstellung zufrieden sind[100]

98 Vgl. COBIT (2019), S. 268 f.
99 Vgl. COBIT (2019), S. 268 f., 251
100 Vgl. COBIT (2019), S. 249 f.

IT-bezogene Ziele Unternehmensziele	Mögliche Kennzahlen zur Messung der Zielerreichung
Ziele der Applikationsstrategie Ermöglichung und Unterstützung von Geschäftsprozessen durch Integration von Anwendungen Agilität, um Geschäftsanforderungen in operative Lösungen umzusetzen	1. Grad der Zufriedenheit von Führungskräften mit der Reaktionsfähigkeit der IT auf neue Anforderungen 2. Durchschnittliche Markteinführungszeit für neue IT-bezogene Dienstleistungen und Anwendungen
Unterstützende Unternehmensziele: Portfolio wettbewerbsfähiger Produkte und Dienstleistungen Kundenorientierte Servicekultur Optimierung der internen Geschäftsprozessfunktionalität	

Tab. 6.2 KPIs für IT-bezogene Ziele und den zugeordneten Unternehmenszielen der empfohlenen Inhalte der IT-Strategie

6.3 Beispiele KPIs für optionale Inhalte der IT-Strategie

Da die IT als Treiber für Innovation im Unternehmen agieren soll und das Unternehmen bei einem wettbewerbsfähigen Portfolio an Produkten und Dienstleistungen sowie der Optimierung der internen Geschäftsprozesse unterstützen soll, werden im folgenden weitere Beispiele an KPIs gezeigt. Diese beziehen sich auf die IT-bezogenen Ziele der Cloudstrategie und des Innovationsmanagements.

IT-bezogene Ziele **Unternehmensziele**	**Mögliche Kennzahlen zur Messung der Zielerreichung**
Ziele der Cloudstrategie: Flexibilität und Skalierbarkeit von Services **Unterstützte Unternehmensziele:** Portfolio wettbewerbsfähiger Produkte und Dienstleistungen Optimierung der internen Geschäftsprozessfunktionalität Kostenreduktion	1. Anzahl von Cloudanwendungen nach Cloud-Bereitstellungsmodell im Unternehmen 2. Anteil der zentral gemanagten Cloudanwendungen 3. Kosten im Vergleich von Cloudlösungen zu On-Premise-Lösungen
Ziele des Innovationsmanagements: Agilität, um Geschäftsanforderungen in operative Lösungen umzusetzen Wissen, Know-how und Initiativen für geschäftliche Innovationen	1. Grad der Zufriedenheit von Führungskräften mit der Reaktionsfähigkeit der IT auf neue Anforderungen 2. Durchschnittliche Markteinführungszeit für neue IT-bezogene Dienstleistungen und Anwendungen 3. Durchschnittlicher Zeitbedarf für die Umsetzung strategischer IT-Zielvorgaben in abgestimmte und genehmigte Initiativen 4. Anzahl kritischer Geschäftsprozesse, die durch eine aktuelle Infrastruktur und Anwendungen unterstützt werden 5. Grad des Bewusstseins und Verständnisses für geschäftliche Innovationsmöglichkeiten 6. Zufriedenheit der Anspruchsgruppen mit dem Grad der Produkt- und Innovationskompetenz und der Entwicklung von neuen Ideen 7. Anzahl der genehmigten Produkt- und Serviceinitiativen, die aus innovativen Ideen resultieren 8. Grad des Bewusstseins von Führungskräften und des Verständnisses für Innovationsmöglichkeiten im Bereich IT 9. Anzahl der genehmigten Initiativen, die aus innovativen IT-Ideen resultieren

IT-bezogene Ziele Unternehmensziele	Mögliche Kennzahlen zur Messung der Zielerreichung
Unterstützte Unternehmensziele: Portfolio wettbewerbsfähiger Produkte und Dienstleistungen	10. Anzahl der anerkannten/ausgezeichneten Innovations-Champions 11. Anteil der umgesetzten Initiativen, mit deren Hilfe der geplante Nutzen realisiert wurde 12. Anteil der Initiativen zur Erprobung aufkommender Technologien oder anderer innovativer Ideen, deren Umsetzbarkeit bestätigt wurde

Tab. 6.3 KPIs für weitere IT-bezogene Ziele und den zugeordneten Unternehmenszielen (Cloudstrategie und Innovationsmanagement)

7 Prüfung der IT-Strategie

Eine effektive IT-Strategie bildet die Grundlage für eine erfolgreiche Ausrichtung der IT auf die Ziele des Unternehmens. Um sicherzustellen, dass die IT-Strategie den Anforderungen und Herausforderungen des Unternehmens gerecht wird, ist eine regelmäßige Prüfung wichtig. In diesem Kapitel wird die Prüfung der IT-Strategie im Hinblick auf ihr Vorgehen, ihre Prüfungsfelder und ihre Risiken untersucht. Dabei werden die zentralen Aspekte der Prüfung beleuchtet und bewährte Verfahren zur Bewertung der IT-Strategie vorgestellt. Ziel ist es, sicherzustellen, dass die IT-Strategie den aktuellen und zukünftigen Anforderungen des Unternehmens entspricht und einen Mehrwert schafft.

7.1 Vorgehen bei der Prüfung

Dieses Kapitel beschäftigt sich mit dem Vorgehen bei der Prüfung der IT-Strategie und stellt einen strukturierten Ansatz vor, der es Prüfern ermöglicht, die Angemessenheit[101] und Wirksamkeit[102] der IT-Strategie zu bewerten. Von der Vorbereitung der Prüfung über die Durchführung der Analyse bis hin zur Berichterstattung werden die Schritte und Methoden erläutert, um eine umfassende und aussagekräftige Prüfung der IT-Strategie zu gewährleisten.[103]

Praxistipp:
Die Prüfung der IT-Strategie steht immer im Zusammenhang mit der Prüfung der kompletten IT des Unternehmens.

Bei der Prüfung der IT-Strategie ist es wichtig zu beachten, dass diese niemals isoliert betrachtet wird, sondern eng mit anderen Teilbereichen verknüpft ist (u.a. IT- und Geschäftsprozesse, Risikomanagement, Finanz- und Budgetplanung, Innovationen). Die spezifischen Teilbereiche können sich gegenseitig beeinflussen und somit Auswirkungen auf die IT-Strategie haben. Daher ist es ratsam, die IT-Strategieprüfung in Verbindung mit anderen relevanten IT-Prüfungsbereichen durchzuführen.

[101] Test of Design (ToD)
[102] Test of Effectiveness (ToE)
[103] Vgl. Vorgehen in Nestler/Modi (2019), S. 50ff.

Folgendes Vorgehen ist zu empfehlen:

- Ganzheitlicher Ansatz: Stellen Sie sicher, dass Ihre Prüfung der IT-Strategie in einem ganzheitlichen Ansatz erfolgt, der auch andere IT-Teilbereiche (u.a. IT-Sicherheit, Datenschutz, IT-Infrastruktur oder IT-Prozesse) berücksichtigt sowie andere Unternehmensbereiche (u.a. Einkauf, Buchhaltung, Vertrieb, Personal, Produktion). Vermeiden Sie isolierte Prüfungen, um mögliche Wechselwirkungen und Abhängigkeiten zwischen den einzelnen Bereichen zu erkennen (mögliche Wechselwirkungen können bspw. bei Einführung neuer ERP-Systeme oder Anpassung der Vertriebsprozesse auf Appanwendungen auftreten).
- Koordinierte Prüfungsplanung: Integrieren Sie die Prüfung der IT-Strategie direkt in Ihre gesamte Prüfungsplanung für die IT. Identifizieren Sie Schnittstellen und Abhängigkeiten zwischen den verschiedenen Prüfungsbereichen, um mögliche Doppelarbeit zu vermeiden und effizienter zu prüfen. Stimmen Sie sich dazu mit den einzelnen Ansprechpartnern des Unternehmens ab.
- Synergien nutzen: Nutzen Sie Synergieeffekte zwischen der IT-Strategieprüfung und anderen Teilbereichen. Erkenntnisse aus der Prüfung der IT-Sicherheit können beispielsweise wichtige Impulse für die Verbesserung der IT-Strategie liefern, und umgekehrt können Erkenntnisse aus der IT-Strategieprüfung die Prüfung anderer IT-Bereiche und Fachprozesse (u.a. Personal, Einkauf) beeinflussen.
- Einhaltung von Best Practices: Stellen Sie sicher, dass die Prüfung der IT-Strategie und anderer IT-Teilbereiche auf vorhandenen Regularien, aber auch auf bewährten Best Practices und branchenspezifischen Standards basiert. Dies ermöglicht eine ganzheitliche und fundierte Beurteilung der IT-Landschaft des Unternehmens.
- Interdisziplinäre Zusammenarbeit: Arbeiten Sie eng mit IT-Experten zusammen, um ein umfassendes Verständnis für die IT-Umgebung des Unternehmens zu entwickeln. Die Zusammenarbeit mit Kollegen aus den Bereichen IT-Sicherheit, IT-Infrastruktur oder IT-Prozesse kann wertvolle Erkenntnisse und neue Perspektiven bieten.

Durch die Berücksichtigung dieser Prinzipien bei der Prüfung der IT-Strategie gewährleistet der Wirtschaftsprüfer eine ganzheitliche und umfassende Bewertung der IT-Strategie und in einem nächsten

Schritt der IT des Unternehmens im Allgemeinen. Dies ermöglicht es, potenzielle Schwachstellen, Risiken und Optimierungspotenziale in der IT-Strategie und anderen IT-Teilbereichen sowie Fachbereichen aufzudecken und dem Unternehmen wertvolle Handlungsempfehlungen zu geben.

7.1.1 Vorbereitung der Prüfung

Die Vorbereitungsphase bei der Prüfung der IT-Strategie ist von großer Bedeutung, um die Grundlage für eine gründliche und effektive Prüfung zu schaffen. In dieser Phase werden die notwendigen Informationen gesammelt und das Prüfungsziel sowie der Prüfungsumfang mit dem Prüfungsgegenstand definiert. Der strukturierte Ansatz ermöglicht es dem Prüfer, sich einen umfassenden Überblick über die IT-Strategie und deren Zusammenhang mit den Geschäftszielen zu verschaffen.

- **Informationssammlung:** Der Prüfer sammelt relevante Informationen zur IT-Strategie, wie beispielsweise die schriftlichen Strategiedokumente, Investitionspläne, Besprechungsprotokolle und Jahresabstimmungsprotokolle mit der Geschäftsführung, Lagebericht oder Organigramme der IT-Abteilung.
- **Analyse der Geschäftsziele:** Der Prüfer analysiert die Geschäftsziele des Unternehmens, um zu verstehen, wie die IT-Strategie dazu beiträgt, diese Ziele zu erreichen.
- **Risikobewertung:** Es werden potenzielle Risiken und Schwachstellen in der IT-Strategie und aus den anderen Prüfungsbereichen[104] identifiziert, die im weiteren Verlauf der Prüfung genauer untersucht werden sollen.
- **Festlegung des Prüfungsziels und -umfangs:** Der Prüfer definiert das Prüfungsziel und den Umfang, um sicherzustellen, dass die Prüfung die relevanten Aspekte der IT-Strategie abdeckt.
- **Planung der Prüfungsmethoden:** Es werden geeignete Prüfungsmethoden festgelegt, wie Interviews mit den Verantwortlichen, Dokumentenprüfung oder Datenanalysen.

[104] Bspw. IDV im Finanzbereich, veraltete Betriebssysteme in der Produktion, BYOD und Messaging-Dienste im Vertrieb, fehlende Netzsegmentierung

Praxistipp:
Stellen Sie sicher, dass Sie eine klare Verbindung zwischen der IT-Strategie und den Geschäftszielen des Unternehmens herstellen. Analysieren Sie die strategischen Unternehmensdokumente und führen Sie Gespräche mit dem Management, um das Verständnis für die übergeordneten Ziele zu vertiefen. Dies ermöglicht es Ihnen, die Relevanz der IT-Strategie für den Unternehmenserfolg besser zu bewerten und die Prüfung gezielt auf die kritischen Aspekte auszurichten.

7.1.2 Durchführung der Prüfung

In der Durchführungsphase werden die in der Vorbereitung festgelegten Prüfungsmethoden angewendet, um die Wirksamkeit, Relevanz und Umsetzbarkeit der IT-Strategie zu bewerten. Der Prüfer analysiert die gesammelten Informationen und zieht Schlussfolgerungen, die in die abschließende Berichterstattung einfließen.

- **Interviews und Befragungen:** Der Prüfer führt Interviews mit den relevanten Mitarbeitern, einschließlich des Managements und den IT-Verantwortlichen, durch, um weitere Einblicke in die IT-Strategie zu erhalten und potenzielle Herausforderungen zu ermitteln.
- **Dokumentenprüfung:** Es werden die schriftlichen Unterlagen zur IT-Strategie, wie strategische Planungen, Budgets oder Umsetzungspläne, analysiert.
- **Datenanalyse:** Der Prüfer nutzt Datenanalysen, um bestimmte Aspekte der IT-Strategie zu überprüfen, wie beispielsweise die Effizienz von Prozessen oder die Umsetzung von Sicherheitsmaßnahmen.
- **Prüfung der Einhaltung gesetzlicher und regulatorischer Vorgaben:** Der Prüfer überprüft, ob die IT-Strategie den geltenden gesetzlichen und regulatorischen Anforderungen entspricht, wie Datenschutzgesetze oder IT-Sicherheitsstandards.
- **Bewertung der Umsetzbarkeit:** Es wird bewertet, ob die IT-Strategie realistisch und umsetzbar ist, ob die notwendigen Ressourcen vorhanden sind und ob mögliche Herausforderungen identifiziert wurden.

Praxistipp:
Nutzen Sie eine Kombination aus Datenanalyse, Dokumentenreview und Interviews, um ein umfassendes Bild von der Effektivität der IT-Strategie zu erhalten. Analysieren Sie relevante Daten, um quantitative Einblicke in Kennzahlen und Trends zu gewinnen. Führen Sie jedoch auch Interviews mit Verantwortlichen und IT-Mitarbeitern, um qualitative Erkenntnisse zu erhalten und wichtige Kontextinformationen zu erheben. Die Kombination dieser beiden Ansätze ermöglicht eine tiefgehende Bewertung der IT-Strategie.

7.1.3 Berichterstattung

Die Berichterstattungsphase ist der abschließende Schritt bei der Prüfung der IT-Strategie. Der Prüfer fasst seine Erkenntnisse und Schlussfolgerungen zusammen und gibt Empfehlungen oder ggf. Feststellungen ab, damit etwaige Schwachstellen behoben und bei Bedarf die IT-Strategie optimiert werden kann. Die Berichterstattung soll dem Management des Unternehmens einen klaren Überblick über die Stärken und Schwächen der IT-Strategie bieten und Handlungsempfehlungen für eine bessere Ausrichtung liefern.

- **Zusammenfassung der Prüfungsergebnisse:** Der Prüfer fasst die wichtigsten Ergebnisse der Prüfung zusammen und beschreibt die Methoden, die bei der Prüfung angewendet wurden.
- **Identifizierung von Stärken und Schwächen:** Es werden die Stärken und Schwächen der IT-Strategie aufgezeigt, um die Erfolgsfaktoren zu würdigen und Bereiche für Verbesserungen darzulegen.
- **Risikobewertung und Ausblick:** Es wird eine Risikobewertung vorgenommen, um auf potenzielle Risiken und zukünftige Herausforderungen hinzuweisen und einen Ausblick für die Weiterentwicklung der IT-Strategie zu geben.
- **Empfehlungen:** Der Prüfer gibt konkrete Empfehlungen ab, wie die IT-Strategie optimiert werden kann, um die Geschäftsziele besser zu unterstützen und Risiken zu minimieren.
- **Präsentation der Ergebnisse:** Die Ergebnisse und Empfehlungen werden dem Management des Unternehmens zusammen mit den Ergebnissen der weiteren Prüfungsfelder präsentiert, um einen Austausch über die geplanten Maßnahmen zu ermöglichen.

Praxistipp:
Stellen Sie sicher, dass Ihre Berichterstattung verständlich ist, sowohl für IT-Experten als auch nicht-technische Stakeholder. Vermeiden Sie technische Fachbegriffe und verwenden Sie eine eindeutige Sprache, um Ihre Ergebnisse und Empfehlungen zu präsentieren. Visualisierungen wie Grafiken oder Diagramme können helfen, komplexe Zusammenhänge anschaulich darzustellen. Durch eine präzise und gut strukturierte Berichterstattung wird sichergestellt, dass die Ergebnisse der Prüfung klar kommuniziert und effektiv genutzt werden können, um u.a. die IT-Strategie zu verbessern.

Vorgehen bei Abweichungen:

Wenn der Wirtschaftsprüfer feststellt, dass es keine angemessene IT-Strategie im Unternehmen gibt, sollte er proaktiv handeln, um mögliche Risiken aufzuzeigen und Empfehlungen für eine Verbesserung abzugeben. Im Folgenden sind mögliche Schritte erläutert:

- Identifizierung der Mängel: Der Wirtschaftsprüfer sollte die Gründe für das Fehlen einer angemessenen IT-Strategie analysieren und die Mängel und Schwachstellen identifizieren. Dies kann unter anderem eine unzureichende Ausrichtung auf Geschäftsziele, mangelnde Ressourcen, unklare Verantwortlichkeiten oder fehlende Kontrollen umfassen.
- Risikobewertung: Der Wirtschaftsprüfer sollte die potenziellen Risiken und Auswirkungen des Fehlens einer angemessenen IT-Strategie bewerten. Dies könnte Sicherheitsrisiken, Effizienzverluste, mangelnde Wettbewerbsfähigkeit oder Schwierigkeiten bei der Erfüllung gesetzlicher Vorgaben umfassen.
- Empfehlungen: Der Wirtschaftsprüfer sollte dem Management des Unternehmens klare Empfehlungen aussprechen, wie eine angemessene IT-Strategie entwickelt und implementiert werden kann.
- Zeitplan und Prioritäten: Der Wirtschaftsprüfer kann dem Management auch einen Zeitplan für die Umsetzung der Empfehlungen und eine Einschätzung der Prioritäten geben. Dies ermöglicht es dem Unternehmen, die Verbesserungen gezielt anzugehen und in einem realistischen Zeitrahmen umzusetzen.
- Kommunikation mit Stakeholdern: Der Wirtschaftsprüfer sollte seine Ergebnisse verständlich mit den relevanten Stakeholdern

im Unternehmen kommunizieren. Dies ermöglicht es dem Management und anderen Entscheidungsträgern, die Bedeutung der IT-Strategie und die vorgeschlagenen Maßnahmen zu verstehen und zu unterstützen.

Berichterstattung über das Fehlen einer angemessenen IT-Strategie:

In seinem Prüfungsbericht sollte der Wirtschaftsprüfer festhalten, dass keine angemessene IT-Strategie im Unternehmen vorhanden ist. Die Berichterstattung sollte die identifizierten Mängel und Risiken sowie die Empfehlungen zur Verbesserung der Feststellung detailliert darlegen. Die Empfehlungen sollten nachvollziehbar sein und mögliche Auswirkungen auf das Unternehmen aufzeigen. Dabei ist es wichtig, dass der Bericht sachlich und professionell formuliert ist und keine Schuldzuweisungen enthält.

Der Wirtschaftsprüfer sollte in der Berichterstattung auch betonen, dass die Umsetzung einer angemessenen IT-Strategie langfristige Vorteile für das Unternehmen mit sich bringt (siehe Kapitel 3.3.2).

7.2 Prüfungsfelder

Im Folgenden werden die Prüfungsfelder dargestellt, welche bei der Überprüfung der IT-Strategie angesehen werden sollten. Unterteilt werden diese in die formelle Prüfung und die inhaltliche Prüfung.

7.2.1 Formale Prüfung der IT-Strategie

Die formale Prüfung kann gleich zu Beginn der Prüfungsdurchführung erfolgen. Hier werden die Rahmenbedingungen des IT-Strategiedokuments überprüft.

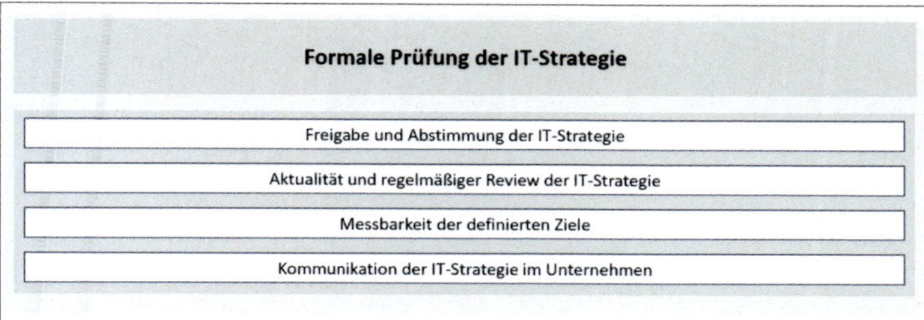

Abb. 7.1 Formale Prüfung der IT-Strategie[105]

Freigabe und Abstimmung der IT-Strategie

Die Erstellung einer angemessenen IT-Strategie ist für Unternehmen von großer Bedeutung, um die Chancen der digitalen Transformation zu nutzen und den Anforderungen einer zunehmend technologiegetriebenen Welt gerecht zu werden. Doch die bloße Erstellung einer IT-Strategie reicht nicht aus, um langfristigen Erfolg zu gewährleisten. Es ist von entscheidender Bedeutung, dass die IT-Strategie formal freigegeben und in den relevanten Ebenen des Unternehmens abgestimmt wird.

Hinweis:
Vorgaben für die Freigabe und Abstimmung der IT-Strategie

Diese Vorgaben können je nach Unternehmensgröße, Branche, Unternehmenskultur und Governance-Richtlinien variieren. Im Folgenden sind einige häufige Vorgaben und Praktiken aufgeführt:

1. Unternehmensrichtlinien: Viele Unternehmen haben Richtlinien und Prozesse für die Erstellung, Freigabe und Abstimmung. Diese Richtlinien können Best Practices, Rollen und Verantwortlichkeiten sowie den Prozessablauf für die IT-Strategieentwicklung und -freigabe festlegen.
2. Geschäftsführungs- bzw. Vorstandsgenehmigung: In einigen Unternehmen erfordert die Freigabe der IT-Strategie die formelle Genehmigung durch die Geschäftsführung oder den Vorstand. Dies stellt sicher, dass die IT-Strategie mit den übergeordneten

105 Abbildung selbst erstellt

Geschäftszielen im Einklang steht und die Unterstützung der Unternehmensführung erhält.
3. Abstimmung mit Geschäftsbereichen: Die IT-Strategie sollte mit den verschiedenen Geschäftsbereichen und Funktionsbereichen des Unternehmens abgestimmt werden, um sicherzustellen, dass sie die spezifischen Anforderungen und Bedürfnisse der Bereiche berücksichtigt.
4. Projektmanagement und Governance: Projektmanagement- und Governance-Strukturen können verwendet werden, um die Umsetzung der IT-Strategie zu überwachen und sicherzustellen, dass sie innerhalb des vorgegebenen Zeitrahmens und Budgets erfolgt.
5. Compliance: Bei der Freigabe und Abstimmung der IT-Strategie sollten auch rechtliche und regulatorische Anforderungen betrachtet werden.
6. Risikobewertung und -management: Die IT-Strategie sollte einer Risikobewertung unterzogen werden, um mögliche Schwachstellen oder Risiken zu identifizieren und entsprechende Maßnahmen zur Risikominimierung einzuleiten.
7. Dokumentation: Eine klare Dokumentation des Freigabeprozesses, der Abstimmungen und der Entscheidungen ist wichtig, um die Transparenz und Nachvollziehbarkeit des Vorgehens sicherzustellen.

Die formalen Vorgaben und Praktiken für die Freigabe und Abstimmung der IT-Strategie tragen dazu bei, dass die Strategieentwicklung und -umsetzung strukturiert, effizient und effektiv erfolgt. Sie stellen sicher, dass die IT-Strategie als integraler Bestandteil der Gesamtstrategie des Unternehmens betrachtet wird und von den relevanten Entscheidungsträgern unterstützt wird.

Die Freigabe der IT-Strategie ist ein kritischer Schritt im Prozess der Strategieentwicklung. Hierbei wird die IT-Strategie von der Unternehmensleitung offiziell anerkannt und genehmigt. Eine solche Freigabe zeigt, dass die IT-Strategie im Einklang mit den übergeordneten Unternehmenszielen steht und von den Entscheidungsträgern unterstützt wird.

Eine Freigabe ist aus mehreren Gründen essenziell:

- Klare Richtungsweisung: Die Freigabe gibt der IT-Strategie eine klare Richtung und vermittelt allen Stakeholdern, dass die strategischen Ziele und Maßnahmen von der Unternehmensführung als relevant und erfolgskritisch erachtet werden.
- Grundlage für weitere Freigaben: Ohne eine Freigabe der IT-Strategie können keine weiteren Ressourcen freigegeben werden (bspw. neue Mitarbeiter, notwendige Tools)
- Verbindlichkeit und Verantwortlichkeit: Die Freigabe schafft Verbindlichkeit und definiert klare Verantwortlichkeiten für die Umsetzung der IT-Strategie. Dies fördert die Effektivität und den Erfolg der strategischen Maßnahmen.
- Kommunikation und Transparenz: Die formale Freigabe ermöglicht es, die IT-Strategie transparent und nachvollziehbar an alle relevanten Stakeholder zu kommunizieren. Dies schafft ein gemeinsames Verständnis und erleichtert die Akzeptanz der Strategie im Unternehmen.

Die Bedeutung der Abstimmung im Führungsbereich:

Die Abstimmung der IT-Strategie im Führungsbereich ist ein weiterer kritischer Aspekt, der den Erfolg der Strategie maßgeblich beeinflussen kann. Die IT-Strategie sollte nicht isoliert von anderen strategischen Zielen des Unternehmens entwickelt werden. Vielmehr ist eine enge Abstimmung mit den Geschäftsbereichen und anderen strategischen Initiativen des Unternehmens erforderlich. Die Abstimmung im Führungsbereich erleichtert die Allokation von Ressourcen für die Umsetzung der IT-Strategie. Eine enge Zusammenarbeit zwischen IT und Geschäftsleitung ermöglicht es, die erforderlichen Mittel effizient und gezielt einzusetzen. Durch die Abstimmung können mögliche Konflikte oder Widersprüche zwischen der IT-Strategie und anderen strategischen Initiativen frühzeitig erkannt und gelöst werden. Dies minimiert Reibungsverluste und fördert eine strukturierte Umsetzung. Die Freigabe gibt der IT-Strategie die notwendige Verbindlichkeit und signalisiert die Unterstützung der Unternehmensführung.

Praxistipp:
Mögliche Fragen zur Freigabe und Abstimmung der IT-Strategie

Um herauszufinden, ob die Freigabe und die Abstimmung der IT-Strategie ordnungsgemäß erfolgt sind, kann der Wirtschaftsprüfer eine Reihe von Fragen stellen. Diese Fragen können sich auf verschiedene Aspekte der Strategieentwicklung und -umsetzung beziehen. Hier sind einige beispielhafte Fragen, die der Wirtschaftsprüfer stellen könnte:

Freigabe der IT-Strategie:

- Wurde die IT-Strategie offiziell von der Unternehmensleitung genehmigt und formell freigegeben?
- Gibt es ein Dokument, das die Freigabe der IT-Strategie dokumentiert und von den relevanten Entscheidungsträgern unterzeichnet ist?
- Wurde die IT-Strategie mit den übergeordneten Unternehmenszielen abgestimmt und sind die strategischen Ziele in Einklang miteinander?
- Welche Gremien oder Instanzen waren in den Freigabeprozess involviert, und wie wurden die Entscheidungen getroffen?

Abstimmung der IT-Strategie im Führungsbereich:

- Wurde die IT-Strategie mit den Führungsebenen im Unternehmen abgestimmt, einschließlich der Geschäftsleitung und anderen relevanten Entscheidungsträgern?
- Gab es Diskussionen oder Meetings, in denen die IT-Strategie mit den Geschäftsbereichen besprochen und Feedback eingeholt wurde?
- Wurden mögliche Konflikte oder Widersprüche zwischen der IT-Strategie und anderen strategischen Initiativen identifiziert und wie wurden sie gelöst?
- Welche Maßnahmen wurden ergriffen, um sicherzustellen, dass die IT-Strategie als integraler Bestandteil der Gesamtstrategie des Unternehmens betrachtet wird?

Diese Fragen können dem Wirtschaftsprüfer dabei helfen, ein umfassendes Bild von der Freigabe und Abstimmung der IT-Strategie zu erhalten und mögliche Schwachstellen oder Defizite aufzudecken. Die Antworten auf diese Fragen bieten eine Grundlage für die Bewertung der Wirksamkeit und Relevanz der IT-Strategie im Unternehmen.

Aktualität und regelmäßiger Review der IT-Strategie

Die Bedeutung einer aktuellen und regelmäßig aktualisierten IT-Strategie kann nicht genug betont werden. Es ist entscheidend, dass die vorgelegte IT-Strategie bereits bei der Prüfung auf Aktualität überprüft wird. IT-Landschaft, Geschäftsumfeld und Technologien unterliegen einem ständigen Wandel, daher muss die Strategie stets auf dem neuesten Stand sein, um relevante und effektive Lösungen zu bieten.

Praxistipp:
Eine aktuelle IT-Strategie sollte das aktuelle Geschäftsjahr, welches überprüft wird, und die folgenden Jahre umfassen (max. 5 Jahre).

Wenn die IT-Strategie nicht aktuell ist und regelmäßig gereviewt wird, kann dies für einen Prüfer folgende Implikationen haben:

- Eine fehlende regelmäßige Überprüfung der IT-Strategie kann dazu führen, dass sie im Laufe der Zeit veraltet und nicht mehr den aktuellen Geschäftsanforderungen und Technologietrends entspricht.
- Eine veraltete IT-Strategie kann möglicherweise nicht mehr den aktuellen Unternehmenszielen entsprechen. Dies könnte bedeuten, dass die IT-Initiativen und -Investitionen nicht mehr optimal auf die Geschäftsziele ausgerichtet sind.
- Eine veraltete IT-Strategie könnte veraltete oder nicht mehr relevante Technologien und zugehörige Maßnahmen empfehlen. Dies könnte zu ineffizienten Investitionen in veraltete Systeme führen, anstatt in modernere Lösungen zu investieren.
- Veraltete IT-Systeme und -Infrastrukturen könnten anfällig für Sicherheitsrisiken sein, da sie möglicherweise nicht mehr den aktuellen Sicherheitsstandards entsprechen.
- Veraltete Strategien könnten nicht in der Lage sein, auf schnell wechselnde Anforderungen oder Technologietrends angemessen

zu reagieren. Dies könnte die Agilität und Anpassungsfähigkeit des Unternehmens einschränken und die Ausschöpfung neuer Potenziale verhindern. Ohne regelmäßige Überprüfung besteht die Gefahr, dass die IT-Strategie nicht mehr ausreichend auf die aktuellen Unternehmensziele und -bedürfnisse abgestimmt ist.
- Eine veraltete IT-Strategie könnte das Vertrauen der Stakeholder in die Fähigkeit der IT-Abteilung beeinträchtigen, mit den sich ändernden Anforderungen des Unternehmens Schritt zu halten.
- Ein fehlender Reviewprozess kann bedeuten, dass das Unternehmen möglicherweise wertvolle Chancen für Innovationen, Effizienzsteigerungen und Wettbewerbsvorteile nicht wahrnehmen kann.

Für einen Prüfer signalisiert eine veraltete und ungeprüfte IT-Strategie in der Regel, dass die IT-Abteilung möglicherweise Schwierigkeiten hat, sich den dynamischen Geschäftsanforderungen anzupassen und ihre Rolle als Enabler für das Unternehmen effektiv zu erfüllen. Daher ist es wichtig, sicherzustellen, dass die IT-Strategie regelmäßig aktualisiert und einem Review unterzogen wird, um den sich ändernden Umständen gerecht zu werden und eine optimale Unterstützung der Unternehmensziele zu gewährleisten.

Es ist wichtig, die IT-Strategie kontinuierlich zu überprüfen und zu aktualisieren. Geschäftsanforderungen ändern sich, neue Technologien entstehen und Risikofaktoren entwickeln sich weiter. Durch regelmäßige Überprüfung kann sichergestellt werden, dass die IT-Strategie nach wie vor optimal ausgerichtet ist und die Unternehmensziele unterstützt. Die Aktualisierung der IT-Strategie sollte in den Freigabeprozess integriert werden, um sicherzustellen, dass jegliche Änderungen und Aktualisierungen formell genehmigt werden. Eine gut etablierte Vorgehensweise für die regelmäßige Überprüfung und Aktualisierung der IT-Strategie gewährleistet, dass sie weiterhin als ein wirksames Leitinstrument dient, um die sich verändernden Anforderungen des Unternehmens zu adressieren.

Praxistipp:
Mögliche Fragen zur Aktualität und dem Reviewprozess der IT-Strategie

Die folgenden Fragen, helfen dem Wirtschaftsprüfer den Aktualisierung- und Reviewprozess der IT-Strategie zu verstehen. Zudem sollten Sie sich die hier genannten Dokumente, wenn vorhanden, auch vorlegen lassen.

- Ist der Reviewprozess der IT-Strategie schriftlich definiert? Wenn ja, in welchem Dokument?
- Gibt es Vorgaben zur Dokumentenlenkung?
- Wie häufig soll die Aktualität der Strategie überprüft werden?
- Wer ist für den Reviewprozess verantwortlich?
- Ist eine Veränderungshistorie in der IT-Strategie vorhanden?

Messbarkeit der definierten Ziele

Hinweis:
Für eine Zusammenstellung der messbaren Ziele der IT-Strategie wird auf Kapitel 6 verwiesen.

Die Vorgabe von Zielen ist ein zentraler Bestandteil der Strategie, jedoch zeigt die Praxiserfahrung, dass diese häufig nicht überprüfbar definiert sind. Somit wird zwar eine Richtung vorgeben, wann das Ziel aber erreicht ist, ist häufig nicht klar erkennbar. Deswegen sollte der Wirtschaftsprüfer besonders auf die Messbarkeit und die Verknüpfung der Ziele der IT-Strategie mit denen des Unternehmens achten.

Praxistipp:
Messbare Ziele sind essenziell, um den Erfolg und die Wirksamkeit der IT-Strategie zu beurteilen. Das Fehlen solcher Ziele könnte folgende Implikationen haben:

- Messbare Ziele dienen als Richtlinien, um den Fortschritt und die Leistung der IT-Strategie zu messen. Das Fehlen solcher Ziele macht es schwer zu beurteilen, ob die Strategie erfolgreich ist oder ob Anpassungen erforderlich sind.

- Messbare Ziele helfen bei der Priorisierung von Aktivitäten und Ressourcen. Ohne klare Ziele könnten Ressourcen ineffizient verteilt werden, da der Fokus auf wichtige Aufgaben fehlt.
- Messbare Ziele bieten Transparenz und Kommunikationsmöglichkeiten gegenüber Stakeholdern. Fehlende Ziele könnten die Kommunikation über den Wert der IT-Strategie beeinträchtigen.
- Messbare Ziele ermöglichen die Zuweisung von Verantwortlichkeiten und die Verfolgung von Fortschritten. Das Fehlen solcher Ziele könnte zu Unsicherheit darüber führen, wer für bestimmte Aspekte der Strategie verantwortlich ist.

Die Abwesenheit messbarer Ziele in der IT-Strategie könnte darauf hinweisen, dass die IT möglicherweise nicht in der Lage ist, klare Richtlinien für ihre Ausrichtung und ihren Beitrag zum Unternehmen zu bieten. Um sicherzustellen, dass die IT-Strategie effektiv ist, ist es ratsam, klare und messbare Ziele zu definieren und diese regelmäßig zu überprüfen, um sicherzustellen, dass die IT-Initiativen den gewünschten Mehrwert liefern.

Für die Überprüfung der IT-Strategie sollte in regelmäßige Reports an das Management mit den definierten KPIs Einsicht genommen werden. Gleichen Sie die Reports mit den in der IT-Strategie definierten Zielen ab, und überprüfen Sie, ob die Erreichung messbar überwacht wird.

Lassen Sie sich zudem erklären, welche Maßnahmen festgelegt sind, um die definierten Ziele zu erreichen und nehmen Sie gegebenenfalls Einsicht in die dazu vorhandenen Maßnahmenplänen.

Praxistipp:
Mögliche Fragen zur Messbarkeit der Ziele

Folgende Fragen helfen, den Prozess zur Überwachung der Zielerreichung zu verstehen und zu prüfen:

- Wer ist verantwortlich für die Überprüfung der Ziele? Ist die Überwachung bspw. im IT-Controlling oder dem unternehmensweiten Controlling verankert?
- Sind die Kennzahlen den richtigen Verantwortlichen zugeordnet?

- Wer wird über den Status der Kennzahlen informiert?
- Woher stammen die Daten, welche für die Kennzahlen gesammelt werden?
- Wie sind diese Kennzahlen mit den IT-Zielen und den Zielen des Unternehmens verknüpft?

Kommunikation der IT-Strategie im Unternehmen

Die Kommunikation der IT-Strategie im Unternehmen dient dazu, dass die relevanten internen Stakeholder die IT und ihre zugehörigen Initiativen verstehen, akzeptieren und unterstützen. Eine Kommunikation kann in unterschiedlichen Formen[106] erfolgen, es sollte jedoch darauf geachtet werden, dass bestimme regulatorische Anforderungen einen Nachweis darüber fordern.

Praxistipp:
Mögliche Fragen zur Kommunikation der IT-Strategie im Unternehmen

- Wie wird die Veröffentlichung oder Aktualisierung im Unternehmen kommuniziert?
- Wer ist der Adressatenkreis der Kommunikation?
- Wer kommuniziert die Veröffentlichung oder Aktualisierung?
- Gibt es schriftliche Vorgaben zur Kommunikation?
- An wen können sich Mitarbeiter bei Fragen wenden?

In diesem Prüffeld sollten Sie sich die Kommunikation zu der Veröffentlichung oder Aktualisierung der IT-Strategie zeigen lassen. Diese kann beispielweise per E-Mail oder als Artikel im Intranet erfolgen. Hierbei sollten Sie ebenfalls überprüfen, ob der Adressatenkreis angemessen gewählt wurde.

---

106 Formen der Kommunikation der IT-Strategie können die Folgenden sein: Veröffentlichung im Sharepoint oder als Rundmail, Präsentation, Schulungen oder Workshops

Praxistipp:
Wird die IT-Strategie nicht aktiv kommuniziert, kann das für einen IT-Prüfer mehrere potenzielle Implikationen haben:

- Wenn die IT-Strategie nicht kommuniziert wird, könnten Mitarbeiter, Stakeholder und Führungskräfte im Unternehmen nicht verstehen, welche strategischen Ziele und Initiativen von der IT verfolgt werden. Dies kann zu Missverständnissen und Unklarheiten führen.
- Eine nicht kommunizierte IT-Strategie kann dazu führen, dass die IT-Aktivitäten nicht ausreichend auf die Geschäftsziele und -bedürfnisse abgestimmt sind. Dies könnte zu ineffizienten Ressourcennutzungen und fehlender Wertschöpfung führen.
- Eine transparente Kommunikation der IT-Strategie fördert die Akzeptanz und das Engagement der Mitarbeiter. Fehlende Kommunikation kann das Gefühl erzeugen, dass die IT-Abteilung isoliert agiert und nicht ausreichend auf die Bedürfnisse des Unternehmens eingeht.
- Wenn die IT-Strategie nicht bekannt ist, könnten Chancen für Zusammenarbeit, Innovation und Synergien zwischen IT und anderen Abteilungen ungenutzt bleiben.
- Ohne Kommunikation der IT-Strategie fehlt die Möglichkeit, Feedback von Stakeholdern zu erhalten und die Strategie entsprechend anzupassen. Dies könnte die Anpassungsfähigkeit der IT-Abteilung behindern.

Für einen IT-Prüfer signalisiert das Fehlen einer klaren Kommunikation der IT-Strategie, dass die IT-Abteilung möglicherweise Schwierigkeiten hat, ihre Rolle als strategischer Partner des Unternehmens zu erfüllen. Eine offene und transparente Kommunikation der Strategie ist wichtig, um sicherzustellen, dass die IT-Aktivitäten auf die Geschäftsziele ausgerichtet sind, das Vertrauen der Stakeholder gewonnen wird und die IT-Abteilung erfolgreich dazu beiträgt, den Erfolg des Unternehmens zu unterstützen.

7.2.2 Inhaltliche Prüfung der IT-Strategie

Die inhaltliche Prüfung des IT-Strategiedokuments erfolgt oftmals nach der formellen Prüfung. Hier erfolgt die inhaltliche Abstimmung unter Hinzuziehen der sonstigen Dokumente und Interviews, die bereits in der Prüfung erfolgt sind.

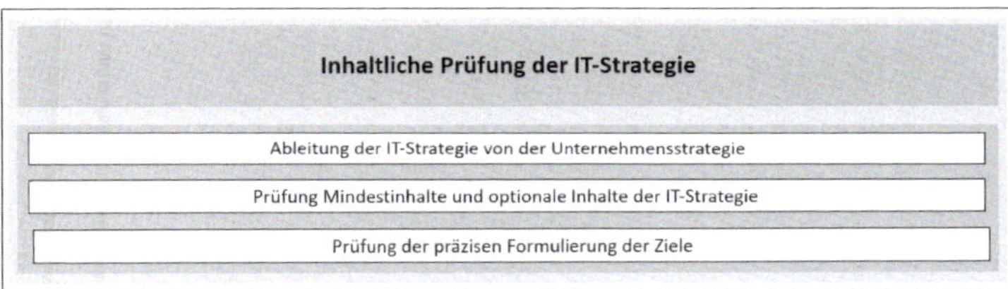

Abb. 7.2 Inhaltliche Prüfung der IT-Strategie[107]

Ableitung der IT-Strategie von der Unternehmensstrategie

Die Ausrichtung der IT-Strategie an der Unternehmensstrategie ist von zentraler Bedeutung. Oft gestaltet sich das Mapping zwischen beiden nicht nahtlos. Es ist unerlässlich, zumindest zu prüfen, ob Ziele und Vorgaben im Einklang stehen.[108]

Praxistipp:
Die Verknüpfung von Unternehmensstrategie und IT-Strategie

Ein wichtiger Schwerpunkt bei der Analyse eines Unternehmens ist die harmonische Integration von Unternehmens- und IT-Strategie. Hierbei sind die folgenden Aspekte besonders zu beachten:

- Gründliche Analyse der Unternehmensstrategie: Beginnen Sie damit, die Unternehmensstrategie zu verstehen. Identifizieren Sie die wichtigsten Geschäftsbereiche, Ziele, Prioritäten, Chancen und Risiken. Beachten Sie dabei auch Marktbedingungen, Wettbewerbssituation und Kundenanforderungen.
- Identifikation der IT-relevanten Aspekte: Untersuchen Sie, wie die Unternehmensstrategie von IT-Aspekten unterstützt werden kann.

[107] Abbildung selbst erstellt
[108] Siehe Kapitel 3.5

Welche technologischen Entwicklungen könnten das Unternehmen vorantreiben? Welche IT-Systeme und Anwendungen könnten zur Effizienzsteigerung beitragen oder die Kundenorientierung verbessern? Gehen Sie hierzu ins Gespräch mit dem IT-Fachbereich und stellen Sie IT-fremden Fachbereichen Fragen hinsichtlich ihrer technischen Ausstattung (Software und Hardware).

- Ableitung der IT-Strategie: Basierend auf der Unternehmensstrategie analysieren Sie die IT-Strategie. Identifizieren Sie die Schlüsselbereiche, in denen die IT-Funktion einen Mehrwert bieten soll. Stellen Sie sicher, dass die IT-Strategie Vision und Ziele des Unternehmens widerspiegelt und die IT-Ziele stets mit mindestens einem Unternehmensziel verbunden sind. Achten Sie auf den „Strategic Fit".
- Überprüfen Sie, ob die Ressourcen, die für die Umsetzung der IT-Strategie erforderlich sind, angemessen allokiert sind. Eine klare Planung ist entscheidend, um sicherzustellen, dass die strategischen IT-Initiativen unterstützt werden können.

Prüfung empfohlener und optionaler Inhalte der IT-Strategie

In Kapitel 5 wurden die empfohlenen Inhalte und die optionalen Inhalte dargestellt. Diese sollten im Rahmen der inhaltlichen Prüfung durch den Wirtschaftsprüfer überprüft werden.[109]

Praxistipp:
Bei der Überprüfung der inhaltlichen Aspekte der IT-Strategie ist es von besonderer Bedeutung, sicherzustellen, dass die geltenden gesetzlichen, regulatorischen und möglicherweise branchenspezifischen Anforderungen beachtet werden. Die Herangehensweise an diese inhaltliche Prüfung variiert je nach Umfang der IT-Strategie.

Sollte keine IT-Strategie in einem Unternehmen definiert sein, sollte als mitigierende Kontrolle mindestens die Liste der geplanten IT-Projekte und der durch die Geschäftsführung freigegebene Budgetplan eingesehen werden.

[109] Entsprechende Vorschläge zur Prüfung wurde im Kapitel 5 zusammengetragen. In diesem Kapitel wird daher nur darauf verwiesen.

Prüfung der präzisen Formulierung der Ziele

Durch die Präzisierung der Ziele können kritische Erfolgsfaktoren dem Management und auch den Mitarbeitern aufgezeigt werden und es kann verdeutlicht werden, wie tägliche Tätigkeiten zur Erreichung der strategischen Ziele beitragen.[110] Zudem kann nur bei einer präzisen Definition der Ziele der Zielerreichungsgrad gemessen werden und die Überprüfung der Zielerreichung erfolgen.[111] Die präzise Formulierung des Ziels und der Zielerreichung sollte für alle Ziele der IT-Strategie inhaltlich geprüft werden. Genauere Informationen und Beispiele hierfür sind im Kapitel 6 vorhanden.

7.3 Ganzheitliche Prüfung – Verknüpfung von IT-Strategie und anderen Teilbereichen

Bei der Prüfung der IT-Strategie ist es wichtig zu beachten, dass diese niemals isoliert betrachtet wird, sondern eng mit anderen Teilbereichen verknüpft ist. Die IT eines Unternehmens besteht aus verschiedenen miteinander verbundenen Komponenten und Prozessen, die sich gegenseitig beeinflussen können. Änderungen oder Mängel in einem Teilbereich können Auswirkungen auf die IT haben und umgekehrt. Daher ist es ratsam, die IT-Strategieprüfung in Verbindung mit anderen relevanten IT-Prüfungsbereichen durchzuführen. Eine isolierte Prüfung der IT-Strategie könnte wichtige Aspekte übersehen und die Gesamteffektivität der IT-Landschaft nicht angemessen bewerten. Unternehmen stehen vor einer Vielzahl von Herausforderungen im digitalen Zeitalter, wie Sicherheitsbedrohungen oder steigende gesetzliche/regulatorische Anforderungen an die IT-Infrastruktur. Eine umfassende IT-Prüfung, die die IT-Strategie mit anderen Teilbereichen verknüpft, ermöglicht es dem Wirtschaftsprüfer, die Wechselwirkungen zu verstehen und eine ganzheitliche Bewertung vorzunehmen. Die koordinierte Prüfung der IT-Strategie zusammen mit anderen Teilbereichen kann Synergieeffekte schaffen und den Mehrwert der Prüfung erhöhen.

---

110 Vgl. Krcmar (2005), S. 56
111 Vgl. Cullen/Cecere (2007), S. 5

Praxistipp:
Relevante IT-Teilbereiche für die Verknüpfung mit der IT-Strategieprüfung:

Die Verknüpfung der IT-Strategieprüfung mit Teilbereichen der IT kann je nach den individuellen Gegebenheiten des Unternehmens variieren. Typischerweise sind jedoch folgende IT-Teilbereiche eng mit der IT-Strategie verbunden[112]:

- IT-Prozesse: Effiziente und gut gestaltete IT-Prozesse sind entscheidend, um die Ziele der IT-Strategie zu erreichen. Eine Prüfung der Prozesse in Verbindung mit der IT-Strategie kann Engpässe oder Optimierungspotenziale aufzeigen.
- IT-Sicherheit: Die Sicherheit der IT-Systeme und -Daten ist ein wesentlicher Bestandteil einer ganzheitlichen IT-Prüfung. Eine angemessene IT-Strategie sollte Sicherheitsaspekte berücksichtigen und Schutzmaßnahmen gegen mögliche Bedrohungen vorsehen.
- Compliance: Die IT-Strategie sollte gesetzliche Vorschriften beachten. Eine Prüfung dieser Bereiche in Verbindung mit der IT-Strategie kann Schwachstellen oder Inkonsistenzen aufdecken.
- IT-Infrastruktur und Anwendungsmanagement: Die IT-Infrastruktur bildet das Fundament für die Umsetzung der IT-Strategie. Die Prüfung der IT-Strategie sollte daher auch Aspekte der Infrastruktur umfassen, wie zum Beispiel die Skalierbarkeit vorhandener Hardware, Verfügbarkeit von Anwendungen und Leistungsfähigkeit von Netzwerken.

Relevante Teilbereiche aus Geschäftsprozessen:

Auch Geschäftsprozesse können Einfluss auf die Ausgestaltung der IT-Strategie haben und diese beeinflussen. Oft haben fachliche Themen einen IT-Bezug und beeinflussen so die Ausgestaltung der strategischen Entwicklung bestimmter IT-Teilbereiche. Daher ist es wichtig, auch die betrachteten Geschäftsprozesse hinsichtlich der IT zu überprüfen. Dazu kann es notwendig sein, einen regelmäßigen Austausch zwischen IT-Prüfungsexperten und fachlichen Prüfern zu initiieren, um alle Aspekte des Unternehmens einbeziehen zu können.

112 Vgl. IST-Analyse Schritt 1 im Kapitel Erstellung der IT-Strategie (Kapitel 4)

Mögliche Geschäftsprozesse, welche einen Einfluss auf die IT und somit die IT-Strategie haben können:

- Einkauf und Beschaffung: Auswahl und Implementierung von Einkaufs- und Beschaffungssystemen, Integration von Lieferantenmanagement- und Bestellprozessen
- Finanz- und Rechnungswesen: Einführung von ERP-Systemen zur Finanzverwaltung und Buchhaltung, Automatisierung von Rechnungsprozessen, Implementierung von Abrechnungssystemen
- Personalmanagement: Einsatz von Personalsoftware für Personalverwaltung und Mitarbeiterentwicklung, Implementierung eines Gehaltsabrechnungstools, Implementierung von Self-Service-Portalen für Mitarbeiter
- Vertrieb und Marketing: Implementierung von CRM-Systemen zur Kundenverwaltung und -analyse, Onlinemarketing und E-Commerce-Plattformen
- Produktentwicklung und Innovation: Kollaborationstools und Designsoftware für Produktentwicklungsprozesse, Nutzung von 3D-Druck oder Simulation für Prototyping
- Produktion und Fertigung: IoT-Technologien zur Überwachung und Optimierung von Produktionsanlagen, Implementierung von Manufacturing-Execution-Systemen zur Prozesssteuerung
- Logistik: Tracking- und RFID-Technologien zur Überwachung von Lieferketten, Integration von Lagerverwaltungs- und Versandsoftware
- Kundenservice und Support: Nutzung von Helpdesk- und Ticketing-Systemen zur Kundenbetreuung, Implementierung von Chatbots für die Kundenkommunikation
- Compliance: Integration von Technologien zur Gewährleistung von gesetzlichen Anforderungen, Automatisierung von Prozessen zur Einhaltung von Industriestandards
- Qualitätsmanagement: Einsatz von Qualitätsmanagement-Systemen, Implementierung von Tools für Qualitätssicherung und -kontrolle, Führungsinformationssysteme

Die ganzheitliche Prüfung verschafft dem Wirtschaftsprüfer, ein umfassendes Bild von der IT-Umgebung des Unternehmens. Durch die Verknüpfung der IT-Strategieprüfung mit anderen Teilbereichen (bspw. Geschäftsprozessprüfung/IKS-Prüfung) können mögliche Schwachstellen, Risiken und Optimierungspotenziale aufgedeckt werden. Dadurch können Unternehmen ihre IT-Strategie besser auf die Geschäftsziele ausrichten und eine solide Grundlage für eine erfolgreiche und zukunftsfähige IT-Landschaft schaffen. Eine koordinierte und integrierte Prüfung trägt dazu bei, den Mehrwert der Prüfung zu maximieren und dem Unternehmen fundierte Handlungsempfehlungen zu bieten.

7.4 Risiken in der Prüfung

Die Prüfung der IT-Strategie kann auch Risiken mit sich bringen. Insbesondere wenn keine oder nur eine unvollständige bzw. veraltete IT-Strategie vorliegt.

Folgende Risiken sind möglich[113]:

- Ohne eine klare IT-Strategie, ist nicht definiert, in welche Richtung sich die IT entwickeln soll.
- Häufig werden dann Innovationen nach Bedarf oder Trend durchgeführt, ohne dass diese im Zusammenhang mit der übergeordneten Unternehmensstrategie stehen.
- Dies führt zu einem Wildwuchs in der IT-Leistungserstellung und ggf. erhöhten Kosten, die den übergeordneten Zielen des Unternehmens entgegenwirken.[114]
- Die Potenziale aus der IT können nicht oder nicht vollständig genutzt werden.
- Es fehlt der „Tone from the top“ um klar zu definieren, wie die IT zu den übergeordneten Zielen des Unternehmens beitragen kann.
- Ohne messbare Ziele aus der IT-Strategie wird die IT für die Geschäftsführung nicht kalkulier- und messbar.

Der Wirtschaftsprüfer ist angehalten in der Prüfung diese Risiken zu identifizieren und entsprechende Feststellungen und Empfehlungen zu definieren.

113 Vgl. Nestler/Modi (2019), S. 80f.
114 Vgl. Urbach/Ahlemann (2016), S. 309

Praxistipp:
Die Dokumentation der IT-Strategie ist der erste Anhaltspunkt, um Risiken im Unternehmen zu identifizieren, da sowohl der Umgang mit der IT-Strategie als auch deren Inhalt Hinweise darauf geben können, wie im Unternehmen mit der IT umgegangen wird, wie sie gesteuert und überwacht wird und wo etwaige relevante Probleme liegen könnten.

Folgende Prüfungshandlungen des Wirtschaftsprüfers sind möglich:

- Einsichtnahme in die Unternehmensstrategie, um die Grundlage für die IT-Strategie zu erfassen,
- Einsichtnahme in die IT-Strategie, inhaltliche Durchsicht bezüglich Konkretisierung der strategischen Maßnahmen in der IT und Abnahme durch die Geschäftsführung sowie Abgleich dieser mit der Unternehmensstrategie, um sicherzustellen, dass diese inhaltlich abgestimmt sind,
- ggf. Besprechung der IT-Strategie mit der Geschäftsführung und dem IT-Leiter, um die Relevanz und Umsetzbarkeit dieser zu besprechen bzw. festgestellte Risiken zu analysieren.

Häufig kann in Prüfungen keine formelle IT-Strategie vorgelegt werden, da diese im Unternehmen nicht in ausgearbeiteter Form vorliegt. Sehr oft bspw. existieren bloße Gedanken und Entscheidungen zur IT-Strategie beim Management, welche jedoch nicht klar niedergeschrieben wurden. Der Wirtschaftsprüfer sollte daher nicht nur nach einem Dokument fragen, welches den Titel „IT-Strategie" hat, sondern nach Vereinbarungen zwischen Unternehmensleitung und IT oder IT-Investitions- bzw. Projektübersichten. Mitunter ist die IT-Strategie auch in der übergeordneten Unternehmensstrategie enthalten.

Sollte kein vergleichbares Dokument vorhanden sein, wird eine weitere Betrachtung durch den Wirtschaftsprüfer notwendig, um auszuschließen, dass die IT unklare Ziele verfolgt, die in ihrer Zusammenstellung gegen die Unternehmensstrategie laufen, Risiken erzeugen und ggf. den Unternehmensfortbestand gefährden.[115]

115 Vgl. Nestler/Modi (2019), S. 81f.

7.5 Integration von IT-Strategieprüfungen in den Prüfungsprozess

Die Integration der IT-Strategieprüfung in den standardisierten Prüfungsprozess stellt eine wichtige Maßnahme dar, um die Effektivität und den geschäftlichen Mehrwert einer IT-Strategie zu gewährleisten. In einer Zeit, in der IT eine zentrale Rolle für Unternehmen spielt, sind Wirtschaftsprüfer in der wichtigen Position, Unternehmen dabei zu unterstützen, die Ausrichtung ihrer IT-Strategie auf Geschäftsziele zu überprüfen.

Die Integration beginnt bereits in der Planungsphase der Prüfung. Hierbei wird die IT-Strategie des Unternehmens analysiert, um ein Verständnis für deren Ziele, Prioritäten und Maßnahmen zu gewinnen. Anschließend wird der Prüfungsansatz entwickelt, der sich auf die wichtigsten Aspekte der IT-Strategie konzentriert. Dies ermöglicht es, die Prüfung maßgeschneidert auf die individuelle Ausrichtung des Unternehmens zu fokussieren.

Die Ergebnisse der IT-Strategieprüfung werden in den Gesamtkontext der Prüfung integriert. Dies bietet ein umfassendes Bild darüber, wie die IT-Strategie die Geschäftsziele unterstützt und welche Auswirkungen sie auf die finanzielle Leistung und den langfristigen Erfolg des Unternehmens hat. Hierbei arbeiten Wirtschaftsprüfer eng mit dem Management und Spezialisten im Unternehmen zusammen, um potenzielle Verbesserungen und Handlungsempfehlungen zu erörtern. Die Konzentration auf IT-Strategieprüfungen trägt dazu bei, die IT-Strategie als strategischen Wertetreiber für das Unternehmen zu positionieren. Sie hilft, die Effektivität der Strategie zu überwachen, Schwachstellen zu identifizieren und Prozesse zur kontinuierlichen Verbesserung zu etablieren. Durch die enge Zusammenarbeit zwischen Wirtschaftsprüfern und der Geschäftsführung wird gewährleistet, dass die IT-Strategie nicht nur den technologischen Anforderungen, sondern auch den unternehmerischen Zielen gerecht wird.

In einer Zeit, in der digitale Transformation und technologische Innovation die Geschäftswelt prägen, gewinnen IT-Strategieprüfungen zunehmend an Bedeutung. Die Integration dieses Aspekts in den Prüfungsprozess stellt sicher, dass Unternehmen ihre IT-Ressourcen optimal nutzen und die Potenziale der IT strategisch ausschöpfen können. Wirtschaftsprüfer spielen dabei eine wichtige Rolle als Berater und Prüfer, die Unternehmen bei der Schaffung einer ausgewogenen und zukunftsfähigen IT-Strategie unterstützen.

**Praxistipp:
Integration von IT-Strategieprüfungen in den Prüfungsprozess**

- Frühzeitige Planung: Beginnen Sie bereits in der Planungsphase der Prüfung mit der Analyse der IT-Strategie, um die Ausrichtung der IT auf die Geschäftsziele zu verstehen.
- Maßgeschneiderter Ansatz: Entwickeln Sie einen auf das Unternehmen zugeschnittenen Prüfungsansatz, der wichtige Aspekte der IT-Strategie berücksichtigt.
- Ganzheitliche Analyse: Untersuchen Sie die Umsetzung von verschiedenen IT-Aspekten, u.a. Technologietrends, Sicherheit, Datenschutz und Compliance-Anforderungen.
- Integration der Ergebnisse: Zeigen Sie auf, wie die IT-Strategie Geschäftsziele unterstützt und die finanzielle Leistung beeinflusst.
- Enge Zusammenarbeit: Arbeiten Sie eng mit Management und Spezialisten im Unternehmen zusammen, um Empfehlungen zu besprechen und anzupassen.

8 Mögliche Beratungsansätze zur IT-Strategie

Im Rahmen ihres berufsrechtlichen Spielraums haben Wirtschaftsprüfer die Möglichkeit, ihre Expertise und Erfahrung in der Beratung zur IT-Strategie einzusetzen. Die Bedeutung der IT-Strategie für Unternehmen wächst kontinuierlich, da sie einen maßgeblichen Einfluss auf die Geschäftsprozesse und den langfristigen Erfolg eines Unternehmens hat. In diesem Zusammenhang können Wirtschaftsprüfer als vertrauenswürdige Berater eine wertvolle Rolle spielen, indem sie Unternehmen bei der Entwicklung, Umsetzung und Weiterentwicklung ihrer IT-Strategie unterstützen. Durch ihre fachliche Kompetenz und ihre fundierten Kenntnisse können Wirtschaftsprüfer dabei helfen, die IT-Strategie auf die spezifischen Bedürfnisse und Ziele des Unternehmens abzustimmen und sicherzustellen, dass die IT-Strategie den rechtlichen und regulatorischen Anforderungen entspricht.

Folgende Beratungsmöglichkeiten sind denkbar:

- Aufnahme des Status quo[116] und Gap-Analyse: Ein wichtiger Beratungsansatz besteht darin, den aktuellen Zustand der IT-Landschaft und der IT-Fähigkeiten im Unternehmen zu analysieren. Dies umfasst die Identifizierung von Stärken, Schwächen und möglichen Lücken oder Defiziten. Basierend auf dieser Analyse können Empfehlungen für die Optimierung und Entwicklung der IT-Strategie abgeleitet werden.
- Erstellung des IT-Strategiedokuments: Der Wirtschaftsprüfer kann Unternehmen bei der Erstellung des IT-Strategiedokuments unterstützen. Dies umfasst die Definition der strategischen Ziele, Prioritäten und Maßnahmen, die zur Erreichung dieser Ziele erforderlich sind. Wirtschaftsprüfer können dabei helfen, den Prozess strukturiert zu gestalten, relevante Stakeholder einzubeziehen und Best Practices bei der Formulierung und Darstellung des Dokuments anzuwenden. (Siehe Kapitel 4)
- Zukunftsgerechte Entwicklung: Ein weiterer Beratungsansatz befasst sich mit der zukunftsgerechten Entwicklung der IT-Strategie. Hier geht es darum, technologische Trends, Marktentwicklungen und sich ändernde gesetzliche/regulatorische Anforderungen zu berücksichtigen.

[116] Bspw. in Form einer SWOT

Unternehmen können dabei unterstützt werden, eine langfristige Vision zu entwickeln, die sich an den Chancen und Herausforderungen der digitalen Transformation orientiert. Dies umfasst die Identifizierung neuer Technologien, die Bewertung ihrer Relevanz für das Unternehmen und die Integration dieser Erkenntnisse in die IT-Strategie.

- Stakeholder-Analyse und -Einbindung: Unternehmen können dabei unterstützt werden, eine umfassende Stakeholder-Analyse durchzuführen, um die Interessen, Bedürfnisse und Erwartungen verschiedener Stakeholdergruppen zu identifizieren. Auf dieser Grundlage können geeignete Kommunikations- und Einbindungsstrategien entwickelt werden, um sicherzustellen, dass die IT-Strategie von allen relevanten Stakeholdern unterstützt wird.
- Risiko- und Sicherheitsbewertung: Es kann eine umfassende Risiko- und Sicherheitsbewertung durchgeführt werden, um potenzielle Risiken und Schwachstellen in der IT-Infrastruktur und den IT-Prozessen zu identifizieren. Auf dieser Grundlage können geeignete Sicherheitsmaßnahmen und -strategien entwickelt werden, um die IT-Systeme und -Daten zu schützen und die Compliance-Anforderungen zu erfüllen.
- Change-Management und Kulturwandel: Die Einführung und Umsetzung einer neuen IT-Strategie erfordert oft Veränderungen in den Arbeitsabläufen, Prozessen und der Unternehmenskultur. Unternehmen können dabei unterstützt werden, den Change-Prozess zu planen und zu begleiten, um sicherzustellen, dass die Mitarbeiter die Veränderungen akzeptieren und aktiv mitgestalten. Dies kann Schulungen, Kommunikationsmaßnahmen und gezielte Veränderungsinitiativen umfassen.
- Monitoring und Erfolgsmessung: Dem Unternehmen kann dabei geholfen werden, geeignete Monitoring- und Erfolgsmessungsmechanismen zu implementieren, um die Umsetzung und Wirksamkeit der IT-Strategie zu überwachen. Sie können KPIs (Key Performance Indicators) entwickeln, regelmäßige Bewertungen durchführen und Anpassungen vornehmen, um sicherzustellen, dass die IT-Strategie die gewünschten Ergebnisse erzielt. (Siehe Kapitel 6)

Darüber hinaus spielen Wirtschaftsprüfer bzw. Berater eine wichtige Rolle bei der kontinuierlichen Überwachung und Aktualisierung der IT-Strategie. Sie können Unternehmen bei der regelmäßigen Überprüfung der Strategie unterstützen, neue Anforderungen identifizieren, Risiken bewerten und Anpassungen empfehlen, um sicherzustellen, dass die IT-Strategie aktuell und relevant bleibt.

Diese zusätzlichen Unterstützungsmaßnahmen helfen Unternehmen dabei, eine effektive und maßgeschneiderte IT-Strategie zu entwickeln und umzusetzen, die den spezifischen Bedürfnissen und Zielen des Unternehmens gerecht wird. Durch die Zusammenarbeit mit erfahrenen Beratern können Unternehmen von deren Expertise, Methoden und Werkzeugen profitieren, um ihre IT-Strategie erfolgreich umzusetzen und den langfristigen Erfolg ihres Unternehmens zu gewährleisten.

Die genannten Beratungsansätze dienen dazu, Unternehmen dabei zu unterstützen, eine maßgeschneiderte und effektive IT-Strategie zu entwickeln und sicherzustellen, dass sie den sich ändernden Anforderungen und Chancen gerecht wird. Durch die Zusammenarbeit mit erfahrenen Beratern können Unternehmen von deren Fachwissen, Erfahrung und neutraler Perspektive profitieren, um eine erfolgreiche IT-Strategie zu entwickeln und umzusetzen.

i

Hinweis:

Potenzielle Weiterentwicklung der Rolle von Wirtschaftsprüfern

Die Rolle von Wirtschaftsprüfern wird sich im Bereich der IT-Strategieentwicklung und -prüfung erweitern. Wirtschaftsprüfer werden zunehmend als strategische Berater gefragt sein, die nicht nur finanzielle Aspekte, sondern auch technologische und geschäftsstrategische Belange verstehen. Unternehmen können von ihrer Expertise profitieren, wenn es darum geht, IT-Strategien zu gestalten, die sowohl den technologischen Fortschritt als auch die geschäftlichen Ziele berücksichtigen. Wirtschaftsprüfer werden unter den Möglichkeiten ihrer Berufsvorgaben eine zunehmend strategische Position einnehmen, wenn es um IT-Strategien geht. Sie werden Unternehmen nicht nur bei der Erstellung und Umsetzung unterstützen, sondern auch dabei, ihre Investitionen in neue Technologien zu optimieren, Risiken zu minimieren und Geschäftschancen zu nutzen. Die erweiterte Rolle von Wirtschaftsprüfern wird zu einer ganzheitlichen und integrierten Betrachtung von Geschäftsprozessen und Technologien führen, um langfristige Erfolge sicherzustellen.

9 Zusammenfassung und Ausblick

„Strategy is not the consequence of planning, but the opposite: its starting point."[117]

In der heutigen Geschäftswelt ist die IT von entscheidender Bedeutung. Sie beeinflusst alle Bereiche eines Unternehmens und ermöglicht es, Informationen zu verarbeiten, zu vernetzen und nutzbar zu machen. Die IT leistet einen unverzichtbaren Beitrag zur Wertschöpfung und ist somit ein zentrales Instrument für den Erfolg eines Unternehmens. Dennoch wird ihre Bedeutung oft als selbstverständlich betrachtet und dadurch auch oft vernachlässigt. Die IT-Strategie ist jedoch ein wesentliches Instrument, um die IT-Aktivitäten und -Investitionen eines Unternehmens auf die übergeordneten Geschäftsziele auszurichten. Sie stellt sicher, dass die IT optimal eingesetzt wird, Risiken minimiert werden und die Effizienz gesteigert wird. Die IT-Strategie schafft Klarheit, definiert Verantwortlichkeiten und legt die Richtung für die Weiterentwicklung der IT im Unternehmen fest. Deswegen wächst auch die Bedeutung der IT-Strategie zusammen mit dem Einfluss der IT.

Die IT-Strategie ist ein spezifisches und unternehmensindividuelles Konstrukt, das nicht in Form einer Standardvorlage für alle Unternehmen vorliegen kann. Jedes Unternehmen hat seine eigenen Ziele, Ressourcen, Prozesse und Herausforderungen, die in der IT-Strategie berücksichtigt werden müssen. Die Entwicklung einer IT-Strategie erfordert eine gründliche Analyse der Unternehmensbedürfnisse, eine sorgfältige Bewertung der vorhandenen IT-Landschaft und eine klare Definition der strategischen Ziele der IT. Es ist von großer Bedeutung, dass die IT-Strategie eng mit den übergeordneten Unternehmenszielen verknüpft ist, um einen konsistenten und zielgerichteten Ansatz für die IT zu gewährleisten. Um eine maßgeschneiderte IT-Strategie zu entwickeln, müssen Unternehmen interne und externe Faktoren berücksichtigen. Dies umfasst Aspekte wie die Unternehmenskultur, die technologische Infrastruktur, die Stakeholder, die Markttrends, die gesetzlichen und regulatorischen Anforderungen und die Wettbewerbssituation. Eine enge Zusammenarbeit zwischen der IT-Abteilung, der Geschäftsfüh-

117 Mintzberg (2000)

rung und anderen relevanten Stakeholdern ist entscheidend, um eine ganzheitliche Sichtweise zu gewährleisten, Synergien zu identifizieren und zu nutzen, sowie die IT-Strategie auf die individuellen Bedürfnisse des Unternehmens abzustimmen. Die kontinuierliche Überprüfung und Anpassung der IT-Strategie ist ebenfalls von großer Bedeutung. Die Technologieentwicklung und die geschäftlichen Anforderungen ändern sich ständig, und daher muss die IT-Strategie flexibel genug sein, um sich diesen Veränderungen anzupassen. Eine regelmäßige Überprüfung der IT-Strategie ermöglicht es Unternehmen, neue Chancen zu identifizieren, aufkommende Risiken zu bewältigen und ihre Wettbewerbsfähigkeit zu erhalten.

Insgesamt ist die IT-Strategie ein maßgebliches Instrument, das Unternehmen dabei unterstützt, ihre IT effektiv einzusetzen, Wettbewerbsvorteile zu erlangen und den Erfolg langfristig zu sichern. Indem sie die individuellen Bedürfnisse und Ziele des Unternehmens berücksichtigt, schafft die IT-Strategie einen klaren Rahmen für die Entwicklung, Implementierung und Weiterentwicklung der IT im Unternehmen.

Es ist von großer Bedeutung, dass Unternehmen die Chancen und Herausforderungen der IT-Strategie erkennen und ihr die notwendigen Ressourcen und die nötige Aufmerksamkeit widmen. In Zukunft werden Unternehmen verstärkt darauf angewiesen sein, ihre IT-Strategien kontinuierlich anzupassen und zu optimieren, um den sich wandelnden technologischen, geschäftlichen und gesetzlich/regulatorischen Anforderungen gerecht zu werden. Eine strategische Herangehensweise an die IT wird Unternehmen dabei unterstützen, die vielfältigen Möglichkeiten der digitalen Transformation zu nutzen und sich erfolgreich im Markt zu positionieren. Es ist daher unerlässlich, die Bedeutung der IT und ihrer strategischen Ausrichtung im Unternehmen zu erkennen und die IT-Strategie als essenzielles Instrument für den Erfolg zu etablieren. Unternehmen, die ihre IT-Strategie gezielt entwickeln, umsetzen und nachhalten, werden in der Lage sein, die Potenziale der IT voll auszuschöpfen und sich nachhaltig im Wettbewerbsumfeld zu behaupten.

Die Zukunft des Wirtschaftsprüfers in Bezug auf IT-Strategie liegt in einer noch engeren Zusammenarbeit mit Unternehmen, um innovative Lösungen zu identifizieren, die Geschäftsziele zu unterstützen und Risiken zu minimieren. Die Fähigkeit im Rahmen der berufsrechtlichen Möglichkeiten, sowohl Prüfungs- als auch Beratungsleistungen anzubieten, wird eine Schlüsselrolle spielen, um Unternehmen dabei zu helfen, ihre IT-Strategien optimal auszurichten und zu gestalten. Mit einem umfassenden Verständnis der Geschäftsprozesse und der technologischen Landschaft werden Wirtschaftsprüfer dazu beitragen, eine Brücke zwischen der Unternehmensführung, der IT-Abteilung und anderen relevanten Stakeholdern zu schlagen. Die Zukunft wird zeigen, dass der Wirtschaftsprüfer nicht nur als Verifikator fungiert, sondern auch als Berater und Wegweiser für Unternehmen, die sich in einer digitalen und dynamischen Umgebung behaupten müssen. Indem sie ihr Fachwissen in der IT-Strategieentwicklung und -prüfung einbringen, werden Wirtschaftsprüfer Unternehmen dabei unterstützen, die IT als strategisches Kapital zu nutzen und ihren langfristigen Erfolg zu sichern.

10 Verzeichnisse

10.1 Abkürzungsverzeichnis

AktG	Aktiengesetz
AO	Abgabenordnung
BAIT	Bankenaufsichtsrechtliche Anforderungen an die IT
BDSG	Bundesdatenschutzgesetz
BSI-KRITISV	Verordnung zur Bestimmung Kritischer Infrastrukturen nach dem BSI-Gesetz
BSIG	Gesetz über das Bundesamt für Sicherheit in der Informationstechnik
BYOD	Bring Your Own Device
CMS	Compliance Management System
COBIT	Control Objective for Information and Related Technology
DMZ	Demilitarized Zone
DS-GVO	Datenschutz-Grundverordnung
EVB-IT	Ergänzende Vertragsbedingungen für die Beschaffung von IT-Leistungen
FaaS	Function as a Service
GeschGehG	Geschäftsgeheimnisgesetz
GmbHG	Gesetz betreffend die Gesellschaften mit beschränkter Haftung
GoBD	Grundsätze zur ordnungsmäßigen Führung und Aufbewahrung von Büchern, Aufzeichnungen und Unterlagen in elektronischer Form sowie zum Datenzugriff
HGB	Handelsgesetzbuch
IaaS	Infrastructure as a Service
IDV	Individuelle Datenverarbeitung
IKS	Internes Kontrollsystem
ISACA	Information Systems Audit and Control Association

ISMS	Informationssicherheitsmanagementsystem
ISO	International Organization for Standardization
IT	Informationstechnologie
IT-NetzG	Gesetz über die Verbindung der informationstechnischen Netze des Bundes und der Länder
ITIL	Information Technology Infrastructure
KonTraG	Gesetz zur Kontrolle und Transparenz im Unternehmensbereich
KPI	Key Performance Indicator
MaRisk	Mindestanforderungen an das Risikomanagement
NIS-RL	Gesetz zur Umsetzung der europäischen Richtlinie zur Gewährleistung einer hohen Netzwerk- und Informationssicherheit
NIST	National Institute of Standards and Technology
NLP	Natural Language Processing
PaaS	Platform as a Service
RPA	Robotic Process Automation
SaaS	Software as a Service
TKG	Telekommunikationsgesetz
TMG	Telemediengesetz
UStG	Umsatzsteuergesetz
VAIT	Versicherungsaufsichtsrechtliche Anforderungen

10.2 Abbildungsverzeichnis

10.3 Tabellenverzeichnis

10.4 Literatur

Achieveit (2023): Top Reasons Business Strategies Fail; https://www.achieveit.com/resources/blog/top-reasons-business-strategies-fail/#:~:text=Top%20Reasons%20Business%20Strategies%20Fail,-AchieveIt&text=Business%20strategy%20failure%20can%20occur,of%20tasks%20and%20highlighted%20priorities (abgerufen am 20.09.2023)

Acquisa (2023): Unternehmensvision, Mission und Leitbild: Wo liegen die Unterschiede?; https://www.acquisa.de/magazin/vision-mission-unternehmensleitbild (abgerufen am 26.08.2023)

Albayrak, Can Adam; Gadatsch, Andreas (2012): IT-Governance-Modell für kleinere und mittlere Unternehmen, In Hildebrand, Knut: IT im Mittelstand, Praxis der Wirtschafsinformatik, Heft 285, Juni 2012

Alonso, Tefi (2023): The 5 reasons employees benefit from engaging with strategy (cascade.app); https://www.cascade.app/blog/employees-strategy-execution (abgerufen am 23.09.2023)

Bashiri, Iman; Engels, Christoph; Heinzelmann, Marcus (2010): Strategic Alignment. Zur Ausrichtung von Business, IT und Business Intelligence, Springer, Heidelberg

Bertha, Michael (2023): Simplifying IT strategy: How to avoid the annual planning panic; https://www.cio.com/article/648094/simplifying-it-strategy-how-to-avoid-the-annual-planning-panic.html (abgerufen am 20.09.2023)

Born, Hans- Jürgen (2018): Geschäftsmodell – Innovation im Zeitalter der vierten industriellen Revolution. Strategisches Management im Maschinenbau, 1. Auflage, Springer Fachmedien Wiesbaden GmbH

Bughin, Jacques; Catlin, Tanguy; Hirt, Martin; Willmott, Paul (2018): Why digital strategies fail | McKinsey; https://www.mckinsey.com/capabilities/mckinsey-digital/our-insights/why-digital-strategies-fail (abgerufen am 20.09.2023)

Bundesanstalt für Finanzdienstleistungen (2022): Rundschreiben 10/2018 (VA) in der Fassung vom 03.03.2022, Versicherungsaufsichtliche Anforderungen an die IT (VAIT)

Carroll, Matt (2023): 7 Benefits of an IT Strategy | LinkedIn; https://www.linkedin.com/pulse/7-benefits-strategy-matt-carroll/ (abgerufen am 23.09.2023)

CIOPages (2023): Top 25 Information Technology Cost-Saving Ideas; https://www.ciopages.com/top-25-information-technology-cost-saving-ideas/ (abgerufen am 20.09.2023)

Collis,David J. (2021): Why Do So Many Strategies Fail? Leaders focus on the parts rather than the whole; https://hbr.org/2021/07/why-do-so-many-strategies-fail (abgerufen am 20.09.2023)

Cullen, Alex; Cecere, Marc (2007): The IT Strategy Plan Step-By-Step. Cambridge: Forrester Research Inc.

Dietel, Bernhard; Seidl, David (2003): Überlegungen zu einem allgemeinen Strategiebegriff; in Ringlstetter, Max J.; Henzler, Herbert A.; Mirow, Michael (2003): Perspektiven der Strategischen Unternehmensführung. Theorien — Konzepte — Anwendungen, Betriebswirtschaftlicher Verlag Dr. Th. Gabler GmbH, Wiesbaden

Donzelli, Leonardo (2014): Measuring the Cost of IT | IFAC; https://www.ifac.org/knowledge-gateway/preparing-future-ready-professionals/discussion/measuring-cost-it (abgerufen am 20.09.2023)

Gambit (2023): IT-Architekturmodelle; https://www.gambit.de/wiki/it-architekturmodelle/ (abgerufen am 30.09.2023)

Gartner (2020): CIO Guide: Strategic Planning and Prioritization Establish strategic objectives and prioritize action steps to achieve IT objectives; https://emtemp.gcom.cloud/ngw/eventassets/en/conferences/hub/cio/documents/gartner-cio-conferences-global-cio-guide-strategic-planning-2020.pdf

Gieseke, Andeas (2023): So schützt IT Visibility Ihr Unternehmen vor Sicherheitslücken & Cyberangriffen; https://raynet.de/blog/so-schuetzt-it-visibility-ihr-unternehmen-vor-sicherheitsluecken-cyberangriffen/ (abgerufen am 15.08.2023)

Günter, Bernd (2023): Die 10 wichtigsten IT-Trends 2023; https://www.it-economics.de/agile/die-10-wichtigsten-it-trends-2023/ (abgerufen am 15.08.2023)

Gregory, Peter H. (2017): CISA. Certified Information Systems Auditor. All-in-One Exam Guide, 3. Ausgabe, Verlag McGraw-Hill Education, New York

De Feo, Joseph A.; Janssen, Alexander (2001): IMPLEMENTING A STRATEGY SUCCESSFULLY, Measuring Business Excellence, Vol. 5 No. 4, pp. 4–6.

Hertvik, Joe (2022): IT Strategic Planning: Why You Need An IT Strategy – BMC Software | Blogs; https://www.bmc.com/blogs/it-strategic-planning-why-is-an-it-strategy-so-important/#:~:text=A%20strategic%20plan%20empowers%20employees,more%20agile%2C%20faster%20moving%20organization. (abgerufen am 23.09.2023)

High, Peter A. (2014): Implementing world class IT strategy: how IT can drive organizational innovation, 1. Ausgabe, Jossey-Bass

ISACA (2020): COBIT® 2019-Rahmenwerk: Governance- und Managementziele

Johanning, Volker (2019): IT-Strategie. Die IT für die digitale Transformation in der Industrie fit machen, 2. Ausgabe, Springer Vieweg, Wiesbaden

Knoll, Matthias (2018): IT-Architektur. In HMD Praxis der Wirtschaftsinformatik, Ausgabe 55, Seiten 889–892

Knoll, Matthias; Strahringer, Susanne (2018): IT-GRC-Management im Zeitalter der Digitalisierung In: Knoll, Matthias, Strahringer, Susanne (eds) IT-GRC-Management – Governance, Risk und Compliance. Edition HMD. Springer Vieweg, Wiesbaden

Kraaijenbrink, Jeroen (2019): 20 Reasons Why Strategy Execution Fails; https://www.forbes.com/sites/jeroenkraaijenbrink/2019/09/10/20-reasons-why-strategy-execution-fails/ (abgerufen am 20.09.2023)

Kranz, Jan-Dirk (2019): Wandel in der IT-Branche – Von der Nische zu Alltags-Innovationen; https://it-talents.de/it-wissen/wandel-in-der-it-branche/ (abgerufen am 15.08.2023)

Krcmar, Helmut (2005): Informationsmanagement, 4. Auflage, Berlin; Heidelberg; New York Springer

Kreikebaum, Hartmut; Gilbert, Dirk Ulrich; Behnam, Michael (2018): Strategisches Management, 8. Auflage, Verlag W. Kohlhammer, Stuttgart

Löbe, Dirk (2022): IT-Lösungen für Unternehmen: Hardware, Software und Service – Was gehört alles dazu?, https://www.dirks-computerecke.de/technik/it-loesungen-fuer-unternehmen.htm (abgerufen am 15.08.2023)

Mangiapane, Markus; Büchler, Roman P. (2015): Modernes IT-Management. Methodische Kombination von IT-Strategie und IT-Reifegradmodell, 1. Auflage, Springer Fachmedien Wiesbaden

Mertens, Peter; Bodendorf, Freimut; König, Wolfgang; Picot, Arnold; Schumann, Matthias; Hess, Thomas (2005): Grundzüge der Wirtschaftsinformatik, 9. Auflage, Berlin; Heidelberg; New York: Springer

Mintzberg, Henry (2000): The Rise and Fall of Strategic Planning, Pearson Education, S. 333

Mintzberg, Henry (1980): Structures in 5's: A Synthesis of the Research on Organization Design. In: Management Science, Vol. 26, No. 3, March 1980, S. 322–341

Naef, Andreas (2019): Warum IT-Strategien scheitern?; https://beetroot.ag/warum-it-strategien-scheitern/ (abgerufen am 20.09.2023)

Nestler, Diana; Fischer, Thomas (2021): IT-Dokumentation – Leitfaden für Erstellung, Prüfung und Beratung, 1. Auflage, IDW Verlag

Nestler, Diana; Modi, Julian (2019): Leitfaden IT-Compliance. Anforderungen, Chancen und Umsetzungsmöglichkeiten, 1. Auflage, IDW Verlag

Nolan, Richard; McFarlan, F. Warren (2005): Information Technology and the Board of Directors; https://hbr.org/2005/10/information-technology-and-the-board-of-directors (abgerufen am 20.09.2023)

Olson Belk, Andrea (2022): 4 Common Reasons Strategies Fail; https://hbr.org/2022/06/4-common-reasons-strategies-fail (abgerufen am 20.09.2023)

PCRBusiness (2021): The Benefits of an IT Strategy Discussion – PCR Business Systems; https://www.pcrbusiness.com/benefits-of-it-strategy-discussion/ (abgerufen am 23.09.2023)

Pratt, Mary K. (2021): Darum scheitern IT-Projekte; https://www.computerwoche.de/a/darum-scheitern-it-projekte,3550738 (abgerufen am 15.08.2023)

Flandorfer, Priska (2023): Die SMART Methode verstehen und anwenden mit Beispiel; https://www.scribbr.de/modelle-konzepte/smart-methode/ (abgerufen am 27.08.2023)

Thompson; Andrew (2018): Google's (Alphabet's) Mission Statement & Vision Statement: An Analysis; Panmore; Business Management; https://panmore.com/google-vision-statement-mission-statement (abgerufen am 26.08.2023)

Sax, Anke (2010): Methoden der strategischen Planung und Steuerung der IT – eine empirische Untersuchung in Banken, 1. Auflage, Gabler, Wiesbaden

Schönbächler, Markus; Pfister, Cuno (2011): IT-Architektur: Grundlagen, Konzepte und Umsetzung, MV-Verlag

Sidler, Adrian U. (2015): „Strategie – Auswählen, entwickeln und umsetzen.“, 5. Auflage, ADRIAN SIDLER

Stanek, Roman (2017): What Is The Cost Of Information Technology Done Right?; https://www.forbes.com/sites/forbestechcouncil/2017/11/28/what-is-the-cost-of-information-technology-done-right/ (abgerufen am 20.09.2023)

Sull, Donald; Homkes, Rebecca; Sull, Charles (2015): Why Strategy Execution Unravels – and What to Do About It; https://hbr.org/2015/03/why-strategy-execution-unravelsand-what-to-do-about-it (abgerufen am 20.09.2023)

Ross, Jeanne; Weill, Petter (2006): Die sechs wichtigsten IT-Entscheidungen; https://www.manager-magazin.de/digitales/it/a-419482.html (abgerufen am 15.08.2023)

Urbach, Nils; Ahlemann, Frederik (2016): Die IT-Organisation im Wandel: Implikationen der Digitalisierung für das Management; in: Strahringer, Susanne; Widjaja, Thomas (2017): IT-Management & IT-Strategie. Praxis der Wirtschaftsinformatik, Band 54, Heft 3, Springer Fachmedien, Wiesbaden

Vermeulen, Freek (2017): Many Strategies Fail Because They're Not Actually Strategies; https://hbr.org/2017/11/many-strategies-fail-because-theyre-not-actually-strategies (abgerufen am 20.09.2023)

Von Oetinger, Dr. Bolko (2003): Die Fundamente der Strategie – Carl von Clausewitz' Begriff der Strategie als Maßstab für Unternehmensstrategie; in: Ringlstetter, Max J.; Henzler, Herbert A.; Mirow, Michael (2003): Perspektiven der Strategischen Unternehmensführung. Theorien – Konzepte – Anwendungen, Betriebswirtschaftlicher Verlag Dr. Th. Gabler GmbH, Wiesbaden, S. 300–312

Yardsticktechnologies (2023): Benefits of Having an IT Strategy for Your Business in 2022 (yardsticktechnologies.com); https://www.yardsticktechnologies.com/itstrategyforyourbusiness/ (abgerufen am 23.09.2023)